Zukunftsperspektiven?

Beispielhafte Analysen aktueller Entwicklungen in der IT

Benjamin Voss & Björn Schwarze

Hrsg:
C. Dörge, P. Hoffmann, H. Reinke
bifop Verlag, 2018

Impressum:

www.bifop.de

Satz: bifop UG

Umschlag: bifop UG

ISBN (print) 978-3-9820214-0-9
ISBN (eBook) 978-3-9820214-1-6

1 Vorwort: Zukunftsperspektiven!

Ständig werden wir mit neuen Schlagworten konfrontiert, die laut Experten jeweils „the next big thing" sein werden. Macht sich der interessierte Leser die Mühe und schaut einmal ein wenig näher hin und dabei auch einmal ein wenig hinter die Kulissen, wird oft recht schnell deutlich, dass lediglich neue Begriffe für alte Inhalte geprägt werden – oder wie der Volksmund so schön sagt: nichts als alter Wein in neuen Schläuchen.

Nichtsdestotrotz hat der ein oder andere neue Begriff durchaus das Potenzial, einen neuen und durchaus zukunftsträchtigen Bereich im Markt zu eröffnen. Das Problem besteht oftmals darin, die potenziell zukunftsträchtigen und damit wertvollen Begriffe und Bereiche von den anderen zu trennen. Dies gilt insbesondere auch für „die IT", bei der durch die ihr innewohnende Schnelligkeit der Veränderung, Anpassung und Entwicklung neuer Technologien das genannte Problem besonders ausgeprägt zum Tragen kommt.

Beginnend mit dem vorliegenden Werk stellt sich das bifop (Bremer Institut für Organisation und Prozesse) diesem Problem und wirft zukünftig in loser Folge die Frage auf, ob und welche Begriffe und Trends, die in der IT (und auch in anderen Bereichen) jeweils aktuell einen Trend erleben, tatsächlich Perspektiven für die Zukunft aufweisen? Dazu werden diese Trends beleuchtet und mit marktrelevanten Fragen gezielt analysiert. Der Start wird mit der Betrachtung der Bereiche „3D-Druck" und „Künstlicher Intelligenz" gemacht.

Wenn auch in der klassischen Science-Fiction-Literatur schon in den 1960er Jahren unter solchen Bezeichnungen wie „Replikator" und ähnlichen vorausgedacht [PIX], begann die reale Entwicklung der 3D-Druck-Technologie in der ersten Hälfte der 1980er Jahre mit den SLA- und SLS-Stereolithographieverfahren sowie dem Fused Deposition Modelling (FMD). [SCU] Das ursprüngliche Einsatzziel des von Dr. Hideo Kodama 1980 entwickelten Schichtansatzes sollte das „Rapid Prototyping" sein. [FOR] Wie häufig trug die rasante Entwicklung der Rechnerleistung und die ebenso rasante Softwareentwicklung dazu bei, dass schon einige Jahre später eine Vision, die der Futurologe Alvin Toffler ebenfalls 1980 beschrieb [TOF], wahr zu werden schien, nämlich der 3D-Druck im Consumer-Bereich als ein tragendes Element des Wandels in Bezug auf die

Wertschöpfungskette und damit letztlich auch auf den Markt und die Marktwirtschaft.

Sowohl die Weiterentwicklung der Technologie sowie die Entwicklung neuer 3D-Druckverfahren und die Optimierung und Vereinfachung sowohl der Drucktechnik selbst als auch der angrenzenden Techniken wie z.B. der vereinfachten 3D-Modellierung und der 3D-Scan-Technik trugen dazu bei, dass der 3D-Druck seither regelmäßig sowohl von Betriebs- als auch Volkswirtschaftlern und auch von Technikern als eines der oben erwähnten „next big things" benannt wurde und der Durchbruch auf dem Consumer- und Massenmarkt in ebendieser Regelmäßigkeit als unmittelbar vor der Tür stehend prophezeit wurde. Wie oft lässt sich mittlerweile nicht mehr wirklich zählen. Aber es scheint recht offensichtlich, dass dieser Durchbruch auf dem Massenmarkt bisher nicht wirklich erfolgte. Dies erscheint besonders erstaunlich, da mittlerweile die Technik und die Geräte einen Stand erreicht haben, dass auch Handelsunternehmen und Elektronikfachmärkte wie z.B. MediaMarkt oder Conrad Electronic SE diese im „normalen" Ladengeschäft anbieten.

Hier stellt sich die Frage, warum sich „der Markt" so anders verhält, als es die Propheten und Visionäre vorhersagen. Benjamin Voss greift mit seiner Analyse diese Frage auf und untersucht, welche Voraussetzungen geschaffen werden müssen, damit der 3D-Druck als generatives Fertigungsverfahren tatsächlich eine Chance hat, sich auf dem Massenmarkt zu etablieren.

Derzeit mindestens ebenso viel diskutiert und von ebenso vielen technischen, wirtschaftlichen und gesellschaftlichen Visionen begleitet, ist der Bereich der „künstlichen Intelligenz" (KI). Insbesondere die öffentliche Diskussion wird erkennbar gelenkt von klassischen Bildern wie dem Skynet [TER], die durch das Science-Fiction-Genre geprägt wurden und werden. Daraus entstehen vielmals durchaus interessante, zum Teil auch heftige Auseinandersetzungen auf gesellschaftlicher, ethischer und philosophischer Ebene. Parallel dazu findet auch eine technische Auseinandersetzung statt. Sowohl die (Weiter-) Entwicklung bekannter KI-Strategien als auch ein Suchen nach neuen Implementierungsansätzen für KIen prägt diese Diskussion.

Während die Implementierungsansätze und -strategien auch aktuell schon in Bezug auf die Anwendungen in potenziellen Einsatzbereichen intensiv nach Vor- und Nachteilen untersucht werden, beginn gerade erst zaghaft eine intensivere Auseinandersetzung mit dem Bereich der (Software-) Entwicklung für die Implementierung von KIen. Häufig genannt wird dabei das sogenannte Black-Box-Problem insbesondere des Deep Learning [HEI, SPE], welches im Kern davon ausgeht, dass KIen Entscheidungen häufig wie in einer Black Box treffen und es von außen nicht nachvollziehbar ist, wie die KI zu dieser Entscheidung kommt.

Daneben gibt es im Bereich der Implementierung und der (Software-) Entwicklung jedoch mindestens einen weiteren Aspekt, der die zukünftige Etablierung von KI-basierten Lösungen auf „dem Markt" wesentlich beeinflussen wird. Diesem Aspekt stellt sich Björn Schwarze mit seiner Untersuchung des ökonomischen Vorteils des Einsatzes von KI auf Basis von künstlichen neuronalen Netzen gegenüber den Methoden und Vorgehensweisen der klassischen Softwareentwicklung.

Die Ergebnisse beider Beiträge stellen interessante, zum Teil auch überraschende Ergebnisse dar. Wir, das bifop, hoffen, dass wir dem interessierten Leser damit neue Argumente für die Diskussion und die aktive Auseinandersetzung mit den Themen an die Hand geben können.

Prof. Dr. Peter Hoffmann

Bremen, August 2018

Inhaltsverzeichnis

Abbildungsverzeichnis

Tabellenverzeichnis

Abkürzungsverzeichnis

ABS	Acrylnitril-Butadien-Styrol-Copolymer
CAD	Computer aided design
CPE	Chlorinated polyethylene
CLIP	Continous Liquid Interface Production
DRM	Digital Rights Management
DLP	Digital Light Processing
FDM	Fused Desopistion Modeling
FPE	Flexibel Polyester
HIPS	High Impact Polystyrene
OCR	Optical Character Recognition
PC	Polycarbonate
PET	Polyethylenterephthalat
PLA	Polylactide
PP	Polypropylen
PVA	Polyvinylalkohol
STL	Stereolithografie
TPC	Thermoplastische Copolyester
TPU	Thermoplastisches Polyurethan

Symbolverzeichnis

Symbol	Bedeutung
n	Gesamt Anzahl der Neuronen
Y_{ij}	Steht für eine Reise zur Stadt *i, j*
D_{ij}	Wert der Distanzmatrix an der Stelle *i* und *j*
ε_i	Eingangswert des Neurons an der Stelle *i*
w_{ij}	Gewichtung zwischen Neuron *i* und *j*
a_j	Aktivitätswert des Neurons *j*
w_i	Gewicht des Neurons an der Stelle *i*
X_i	Ausgabewert des Neurons *i*
$E^{mental\ discriminations}$	Anzahl elementarer Denkschritte
n_1	Anzahl gleicher Operatoren
n_2	Anzahl gleicher Operanden
N_1	Gesamtzahl verwendeter Operatoren
N_2	Gesamtzahl verwendeter Operanden
$N^{distinct\ tokens}$	Anzahl gleicher Tokens
$g\Delta$	Berechnungszeitrelation einer Methode in Bezug auf die Brute-Force-Zeit
f_x	Berechnungszeit der Brute-Force-Methode
g_x	Berechnungszeit einer Methode
d_Δ	Abweichung der errechneten Distanz zur kleinstmöglichen Distanz
d_{min}	Kleinstmöglich zu errechnende Distanz
d_x	Errechnete Distanz einer bestimmten Methode
E	Energiewert der Energiefunktion nach Hopfield und Tank
A	Parameter zur Priorisierung der Zeilenbeschränkung mit dem Wert 0.5
B	Parameter zur Priorisierung der Spaltenbeschränkung mit dem Wert 0.5
C	Parameter zur Priorisierung der Steuerung der Gesamtanzahl des Rückgabewertes mit dem Wert 0.2
D	Parameter zur Priorisierung der minimalen Distanz mit dem Wert 0.5

δ_{kj}	Kronecker-Delta-Funktion für die Werte *k* und *j*
$W_{ik,lj}$	Gewicht zwischen zwei Neuronen in einer Neuronenmatrix. Dabei sind *i, k* und *l, j* die jeweiligen Positionen der Neuronen in dieser Neuronenmatrix
a_{ij}	Aktivität des Neurons an der Stelle *i* und *j*
λ	Steigerungsparameter mit dem Wert 3
T_1	Beschränkungsterm zur Abschwächung oder Stärkung von älteren Aktivitätswerten
T_2	zweiter Beschränkungsterm
T_3	dritter Beschränkungsterm
T_4	vierter Beschränkungsterm
T_5	fünfter Beschränkungsterm
τ	Zeitkonstante
log_2	Logarithmus zur Basis 2
$tanh$	Tangens-Hyperbolicus-Funktion
Δt	Konstante mit dem Wert 0.01
d_{ik}	Wert der Distanzmatrix an der Stelle *i* und *k*
m	Konstante mit dem Wert 15

2 Etablierung generativer Fertigungsverfahren

Voraussetzungen zur Etablierung generativer Fertigungsverfahren auf dem Massenmarkt

Benjamin Voss, 2018

2.1 Einleitung

3D printing [...] has the potential to revolutionize the way we make almost everything."

- Barack Obama, Feb 2013 (vgl. [Don13], S. 9)

Dieses Zitat aus dem Jahr 2013 fasst eingängig zusammen, was die Entwicklung generativer Fertigungsverfahren für die Menschheit bedeuten kann und welches Potenzial sich dahinter verbirgt. Der folgende Beitrag setzt sich mit diesem Thema auseinander und beleuchtet die notwendigen Voraussetzungen, um dieses Potenzial nutzbar zu machen. In diesem einleitenden Teil des Beitrags wird zunächst ein kurzer Überblick über die Thematik vermittelt. Dazu gehören die Entwicklung der Technologie sowie dessen grundlegende Funktionsweise. Um die Relevanz des Themas zu verdeutlichen, wird ein erster Einblick in die Vorteile und neuen Möglichkeiten gewährt, die diese Technologie mit sich bringt. Zusätzlich wird die Leitfrage des Beitrags formuliert. Im weiteren Verlauf folgt ein beschreibender Teil zum Aufbau sowie zum methodischen Vorgehen. Zum Abschluss des einführenden Teils wird die Zielsetzung des Beitrags definiert.

Die Technik generativer Fertigungsverfahren reicht bis in das Jahr 1982 zurück. In diesem Jahr entwickelte Charles W. Hull mit der Stereolithografie das erste additive Fertigungsverfahren. (vgl. [Els09], S. 12–14)

Diese Entwicklung unterscheidet sich grundlegend von vielen anderen Herstellungsverfahren, die die Menschheit bis heute entwickelt und praktiziert hat. Unabhängig davon, ob es sich dabei um das Schmieden in der Metallverarbeitung, das Hobeln, Drehen oder Bohren während der Holzverarbeitung handelt, sind viele der bis heute bekannten Herstellungsverfahren formende oder subtraktive Verfahren. Unter diesem Begriff wird der mechanische Abtrag von Material zur Erzeugung eines bestimmten Objektes verstanden. Ein weiteres Beispiel aus der modernen Praxis ist die CNC-Fräse. Der 3D-Druck verwendet hingegen eine gänzlich andere Herangehensweise, die als generative Fertigung oder auch als additive Fertigung bezeichnet wird. Dabei werden Objekte nicht durch den Abtrag von Material, sondern durch Hinzufügen, Auftragen oder Ablagern von Material erzeugt. Das von Hull entwickelte Verfahren nutzt dabei UV-Licht, um flüssigen Kunststoff zu verfestigen und daraus dreidimensionale Objekte zu erstellen. Die Technik wurde patentiert und revolutionierte den Prototypenbau der Industrie. Am Beispiel der Automobilindustrie lassen sich die Vorteile der Technik gut nachvollziehen. Während der Lebenszyklus eines Automodells in den 80er Jahren noch 12 bis 15 Jahre betrug, bringen die Hersteller heutzutage bereits nach zwei Jahren das erste Facelift und nach vier Jahren ein neues Modell auf den Markt. (vgl. [MK 15], S. 1–2)

Dieser rapide Anstieg der Entwicklungsgeschwindigkeit wurde erst durch die Entwicklung des 3D-Drucks ermöglicht. Einer der verantwortlichen Prozesse wird „Rapid Prototyping" genannt und beschreibt die Herstellung von Prototypen mithilfe generativer Fertigungsverfahren. Während bei der klassischen Herstellung eines Prototyps erst entsprechende Werkzeuge, Gussformen oder Klischees angefertigt werden müssen, kommen additive Fertigungsverfahren weitestgehend ohne solche Vorbereitungen aus. Die formgebenden Informationen werden direkt aus einem dreidimensionalen Modell am Computer errechnet und an einen 3D-Drucker übertragen, der daraufhin unter Einsatz meist formloser Rohstoffe das entsprechende Modell herstellt. Diese Technik hat sich in der Industrie etabliert und die Art der Produktion revolutioniert. (vgl. [Geu96], S. 43–45)

2.1.1 Motivation

Die Motivation dieses Beitrags liegt in der Überzeugung, dass die Entwicklung des 3D-Drucks großes Potenzial zur nachhaltigen Veränderung unserer Gesellschaft in sich birgt. Abgesehen vom wirtschaftlichen Nutzen, den die Industrie bereits für sich entdeckt hat, konnte die Entwicklung dieser Technik bereits zu bahnbrechenden Erfolgen in verschiedensten Forschungsgebieten beitragen. In der Medizin konnte beispielsweise der Prothesenbau durch den Einsatz von 3D-Modellen und Druckern revolutioniert werden. (vgl. [glo13], S. 35–36)

Versuche verschiedener Forschungseinrichtungen belegen zusätzlich, dass es möglich ist, lebendes Gewebe mithilfe von 3D-Druckern zu erzeugen (vgl. [Dor16b]). Probleme mit fehlenden Spenderorganen könnten damit der Vergangenheit angehören und somit Menschenleben retten. Vergleichbare Versuche gibt es im Bereich der Lebensmittelforschung, Luft- und Raumfahrt sowie weiteren Forschungszweigen, in denen der Einsatz generativer Fertigungsverfahren bisherige Grenzen der Forschung verschoben zu haben scheint und somit neue Möglichkeiten eröffnet. Festzuhalten ist dabei, dass generative Fertigungsverfahren nach heutigem Stand der Forschung das Potenzial haben, Prozesse zu verbessern, zu beschleunigen, neue Herausforderungen zu meistern und somit unser gesellschaftliches Leben zu verbessern. Dieses Potenzial sollte von jedem nutzbar sein und nicht länger Industrie und Forschung vorbehalten bleiben. Denn während die Industrie die Vorteile der generativen Fertigung bereits in den 80er Jahren erkannt hat, bleibt die Nutzung des 3D-Druckers in Privathaushalten bis auf wenige Ausnahmen bisher aus.

In einer Umfrage zur Nutzung von 3D-Druckern im März 2016 gaben lediglich 3% der befragten Personen an, selbst einen 3D-Drucker zu besitzen. (vgl. [Pri16], S. 1)

Dabei verspricht der Einsatz für Privathaushalte ebenso großen Nutzen wie für Wirtschaft und Forschung. Gäbe es in jedem Haushalt ein entsprechendes Gerät, wären verschiedenste Einsatzzwecke denkbar. Dazu zählt zum einen der Druck von Ersatzteilen jeglicher Art und zum anderen aber auch die Herstellung vollständiger Objekte. Auch die Produktion von Verbrauchsmaterial, wie zum Beispiel Dübel oder Ähnliches, ist denkbar. Die Möglichkeiten sind so vielfältig, dass ihnen diese kurze Beschreibung nicht gerecht wird. Einen größeren Einblick in die verschiedenen Möglichkeiten gewähren Online-Portale, in denen modellierte Objekte von Benutzern hochgeladen werden, um sie ihren Mitmenschen meist kostenlos zum Nachdruck anzubieten. (vgl. [Thi17]) Auch wenn die Möglichkeiten und Vorteile des 3D-Drucks nicht im zentralen Fokus dieses Beitrags stehen, ermöglicht ein kurzer Einblick in jene Materie die Möglichkeit nachvollziehen zu können, warum der Einsatz dieser Verfahren in Privathaushalten durchaus sinnvoll wäre. Projiziert man die Entwicklung der Technik in die Zukunft, lassen sich immer mehr potenzielle Einsatzgebiete erkennen.

2.1.2 Forschungsfrage

In jedem Haushalt gibt es einige Geräte, die aus dem Alltag nicht mehr wegzudenken sind. Einige davon mögen einem zwar trivial erscheinen, doch der Verzicht darauf würde trotzdem einen Einschnitt in die Lebensqualität bedeuten. Von der Kaffeemaschine, die morgens wie selbstverständlich genutzt wird, um gut in den Tag zu starten, über die Waschmaschine, die getragene Kleidung wäscht, bis hin zu Laptops und PCs, auf denen man ganz selbstverständlich arbeitet oder im Internet surft. Jedes dieser Geräte trägt einen Teil zur Lebensqualität bei, indem es einem einige Dinge erleichtert oder die Arbeit sogar gänzlich abnimmt. An dieser Stelle setzt die Forschungsfrage dieses Beitrags an. Denn bedenkt man, welches Potenzial der Technik des 3D-Drucks zugesprochen wird, stellt sich die Frage, weshalb dieses Potenzial nicht ausgeschöpft wird. In der Industrie werden 3D-Drucker zwar schon seit Jahrzehnten produktiv eingesetzt, doch woran liegt es, dass sich die Technik bis heute nicht in Privathaushalten etabliert hat und was ist nötig, um diese Situation zu ändern? Die Forschungsfrage lautet deshalb:

„Welche Voraussetzungen müssen geschaffen werden, um die Technik des 3D-Drucks in Privathaushalten zu etablieren?“

Um diese Frage beantworten zu können, wird sie zunächst in Teilfragen zerlegt. Zu Beginn ist es erforderlich, Faktoren zu identifizieren, die Einfluss auf die Entwicklung der Technik nehmen. So ergibt sich die Teilfrage:

"Welche Faktoren haben Einfluss auf die Etablierung des 3D-Drucks?"

Im zweiten Schritt muss analysiert werden, wie es um die genannten Voraussetzungen steht. Die zweite Teilfrage lautet demnach:

„Welche Rolle spielen die identifizierten Faktoren für die Etablierung des 3D-Drucks?“

2.1.3 Aufbau

Zur Strukturierung dieses Beitrags wird er in folgende Kapitel aufgeteilt:

- Kapitel 2.2 verschafft einen grundlegenden Überblick über das Thema des 3D-Drucks. Dazu gehören die grundsätzliche Funktionsweise sowie die Verfahrensprinzipien der verschiedenen Technologien. Außerdem wird die grundlegende Funktionsweise der 3D-Daten-Modellierung erläutert sowie auf die aktuell verfügbare Hardware eingegangen.
- Kapitel 2.3 erläutert das methodische Vorgehen innerhalb der Szenario-Analyse, die zur Beantwortung der Forschungsfrage herangezogen wird. Dazu werden vorab grundlegende Informati-

onen zur Szenario-Analyse erläutert. Anschließend wird näher auf die anzuwendenden Bestandteile eingegangen.

- Kapitel 2.4 enthält die Durchführung einer Szenario-Analyse anhand der in Kapitel 2.3 erläuterten Vorgehensweise. Das Ziel dabei ist die Aufstellung verschiedener Szenarien zur zukünftigen Entwicklung des 3D-Drucks, um mit deren Hilfe die Forschungsfrage beantworten zu können.
- Kapitel 2.5 beschäftigt sich mit der Diskussion der Ergebnisse aus Kapitel 2.4 sowie der Ableitung einer Handlungsempfehlung.
- Kapitel 2.6 beinhaltet ein Fazit sowie einen Ausblick. Der Beitrag wird in diesem Kapitel hinsichtlich der Zielerreichung, ausgewählter Methoden und methodischer Vorgehensweise kritisch reflektiert. Im Ausblick wird ein Überblick über die mögliche weitere Entwicklung des Themengebiets sowie über etwaige Folgefragen gewährt.

2.1.4 Zielsetzung

Ausgehend von der Annahme, dass die Technik des 3D-Drucks tatsächlich revolutionär ist und das Potenzial aufweist die Gesellschaft nachhaltig zu verändern, stellen sich einige Fragen. Denn wenn dem so ist, warum steht dann nicht längst in jedem Haushalt ein solches Gerät? Warum gibt es nicht an jeder Ecke einen 3D-Druck-Shop? Aus welchem Grund konnte sich der 3D-Drucker bisher nicht in Privathaushalten etablieren? Ziel dieses Beitrags ist es, diese Fragen und damit die Frage nach den Voraussetzungen, die zur Etablierung der Technik geschaffen werden müssen, zu beantworten.

2.2 State of the Art

Dieses Kapitel vermittelt einen Überblick über den aktuellen Stand der Technik. Dazu gehören aktuelle Möglichkeiten und Probleme, aber auch die Grenzen der Technik. Es wird als Erstes auf die unterschiedlichen Verfahrensprinzipien der generativen Fertigung eingegangen. Anschließend werden die Möglichkeiten sowie die grundsätzliche Vorgehensweise zur Erzeugung von 3D-Modellen erläutert. Zusätzlich wird ein Auszug aus der aktuell verfügbaren Hardware von 3D-Druckern vorgestellt.

2.2.1 Verfahrensprinzipien generativer Fertigungsverfahren

In diesem Kapitel wird auf die unterschiedlichen Fertigungsverfahren des 3D-Drucks eingegangen. Zusätzlich wird kurz auf deren Vor- und Nachteile im Vergleich zu den anderen Verfahren eingegangen. Da sich dieser Beitrag mit der Verbreitung von 3D-Druckern in Privathaushalten auseinandersetzt, beschränkt sich die Vorstellung ausschließlich auf Verfahren, deren Anwendbarkeit in Privathaushalten gegeben ist.

2.2.1.1 Stereolithografie

Das von Charles Hull 1982 entwickelte Verfahren der Stereolithografie ist das älteste und bis heute eines der meistgenutzten generativen Fertigungsverfahren. Es beruht auf dem schichtweisen Aushärten von flüssigen Photopolymeren mithilfe von UV-Licht. Der chemische Vorgang dahinter wird auch Polymerisation genannt. (vgl. [Els09], S. 12–14)

Objekte werden dabei auf einer vertikal absenkbaren Bauplattform erzeugt. Diese befindet sich in einem mit flüssigem Photopolymer gefüllten Behälter. Mithilfe eines UV-Lasers, dessen Strahl durch einen beweglichen Spiegel gelenkt werden kann, wird die Polymerisationsreaktion aktiviert. Dabei härten die bestrahlten Bereiche aus und bilden eine Schicht des zu erzeugenden Objektes. Anschließend wird die Bauplattform für die Höhe einer Schicht abgesenkt und zum Aufbau der Folgeschicht erneut bestrahlt. Nach jedem Absenken der Bauplattform fährt eine Rakel über die bereits erzeugte Struktur, um die Flüssigkeit der nächsten Schicht möglichst gleichmäßig zu verteilen. (vgl. [Geb16], S. 107)

Dieses Vorgehen wird bis zur Fertigstellung des Objekts wiederholt. Der Durchmesser des eingesetzten Lasers entscheidet dabei über die Auflösung des Objekts. Er besitzt in der Regel einen Durchmesser zwischen 100µm und 150µm. Das kleinstmögliche Detail beträgt somit theoretisch 100µm. In der Praxis ist die Auflösung jedoch von weiteren Faktoren, wie zum Beispiel dem verwendeten Material abhängig. Die Stärke jeder Schicht beträgt dabei ebenfalls typischerweise 100µm. In speziell abgewandelten Verfahren können auch Schichtstärken von lediglich 1µm erreicht werden. (vgl. [Reb14], S. 14–17)

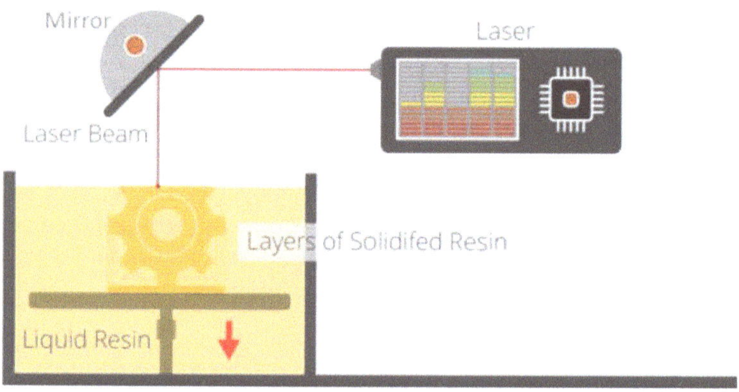

Abbildung 1 Schematischer Aufbau: Stereolithografie (vgl. [3D17a])

Nach der Fertigstellung des Objekts fährt die Bauplattform vollständig aus dem Behälter, um die Entnahme des hergestellten Objekts zu erleichtern. Ein Nachteil der Stereolithografie zeigt sich beim Druck von überhängenden Strukturen. Sie benötigen einen sogenannten „Support" bzw. Stützstrukturen. Damit wird verhindert, dass sich das Material durch die Dichteänderung während der Polymerisation absenkt. (vgl. [Geu96], S. 47–49)

Nach Fertigstellung des Objekts sind die Stützstrukturen manuell zu entfernen. Dieser Prozess wird auch „Post Processing" genannt. Um möglichst wenig Support erzeugen zu müssen, muss im Vorfeld die optimale Positionierung und Orientierung des Bauteils ermittelt werden. Außerdem müssen die Bauteile in speziellen Nachbenetzungsöfen ausgehärtet werden, um ihre endgültigen Materialeigenschaften zu erhalten. Die Auswahl verfügbarer Werkstoffe beschränkt sich außerdem auf Photopolymere mit unterschiedlichen mechanischen Eigenschaften. Durch die geringe Werkstoffauswahl ist das Einsatzspektrum der erzeugten Objekte stark eingeschränkt. Ein weiterer Nachteil der Stereolithografie ist die Entstehung giftiger Gase während der Polymerisationsreaktion. Ein Vorteil gegenüber anderen Verfahren ist die Präzision. Mit Schichtdicken zwischen 100µm und 1µm können hochauflösende Bauteile erzeugt werden. Aus diesem Grund haben sich seit der Entwicklung verschiedenste Anwendungsgebiete ergeben. Im Maschinenbau wird das Verfahren zur Herstellung von Prototypen genutzt und auch Architekturmodelle werden so erzeugt. In der Medizin werden mit dieser Methode individuelle Hörgeräte produziert, was schon dem Rapid Manufacturing zuzuordnen ist, da es sich um produzierte Endprodukte handelt. (vgl. [Reb14], S. 14–17)

2.2.1.2 Digital Light Processing

Das DLP-Verfahren arbeitet nach einem ähnlichen Prinzip wie die Stereolithografie. Der Vorteil an diesem Verfahren ist jedoch die Verwendung eines DLP oder LCD-Medienprojektors. Durch diesen ist es möglich, die einzelnen Schichten flächendeckend zu belichten. So bleibt die Belichtungszeit konstant und unabhängig von der Flächengröße. (vgl. [Geb16])

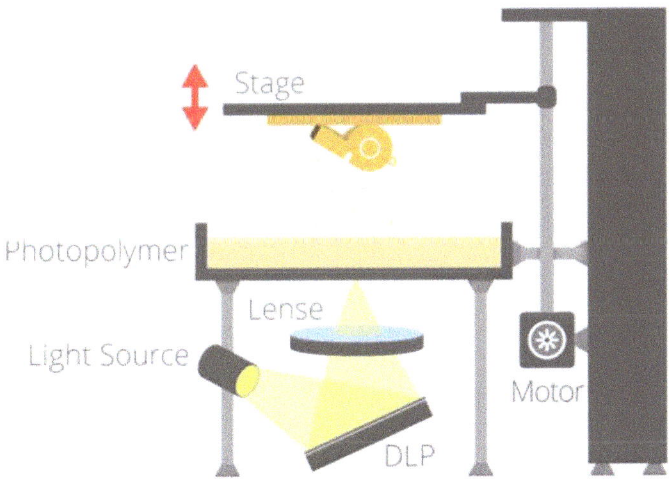

Abbildung 2 Schematischer Aufbau: Digital Light Processing (vgl. [3D17a])

Der Aufbau vollzieht sich dabei umgekehrt zu dem der Stereolithografie. Das Objekt wird nicht von oben, sondern von unten durch einen transparenten Behälter belichtet und überhängend aufgebaut. Die Bauplattform wird dabei Schicht für Schicht aus dem Behälter gehoben. Die Nachteile sind jedoch gleich denen der Stereolithografie. Das Werkstoffspektrum beschränkt sich ebenfalls auf photosensitive Materialien. (vgl. [Els09], S. 22)

Das Ersetzen des Lasers durch einen handelsüblichen Projektor hat neben der konstanten Belichtungszeit auch einen Kostenvorteil. Aus diesem Grund gibt es bereits ein großes Angebot von „Do-It-Yourself" Druckern am Markt. Die minimale Schichtdicke bei diesem Verfahren beträgt ebenfalls 100µm und ist somit mit der der Stereolithografie vergleichbar. Die Auflösung der einzelnen Schichten ist dabei abhängig vom eingesetzten Projektor und der Belichtungsfläche. Allgemein gilt: Je kleiner die Fläche, desto höher die Auflösung und somit umso feiner die Struktur des Objekts. In der Praxis ist die Auflösung vergleichbar mit der der Stereolithografie. (vgl. [Bre13], S. 38), (vgl. [Reb14], S. 18)

2.2.1.3 Continous Liquid Interface Production

Der Aufbau des CLIP-Verfahrens beruht auf dem gleichen Prinzip wie das Digital Light Processing. Es soll hier jedoch trotzdem nicht unerwähnt bleiben, da es nach eigenen Angaben der Entwickler zwei entscheidende Vorteile gegenüber allen anderen Verfahren bietet. Es wurde von der Firma „Carbon3D" entwickelt und erstmals auf der TED2015 Konferenz in Vancouver vorgestellt. Das Interessante dabei ist die Verwendung von Sauerstoff, um die Polymerisationsreaktion zu steuern. Während UV-Licht die Reaktion startet, kann sie mit Hilfe von Sauerstoff gestoppt werden. Dies haben sich die Entwickler zunutze gemacht, um die Polymerisation steuern zu können und auf diese Weise einen kontinuierlichen Bauprozess zu ermöglichen. (vgl. [Geb16], S. 119)

Die Bauzeit kann laut Angabe von Carbon3D bis auf ein Hundertstel der herkömmlich benötigten Zeit reduziert werden. Hinzu kommt, dass die Qualität der erzeugten Objekte wesentlich besser ist, da sie durch das kontinuierliche Verfahren keine erkennbaren Schichten aufweisen. Um dies zu ermöglichen, wird ein Behälter aus licht- und sauerstoffdurchlässigem Material verwendet. So entsteht am Boden des Behälters eine sogenannte „Dead Zone“, die einen kontinuierlichen Aufbau des Objektes ermöglicht. (vgl. [Car17], S. 1–5)

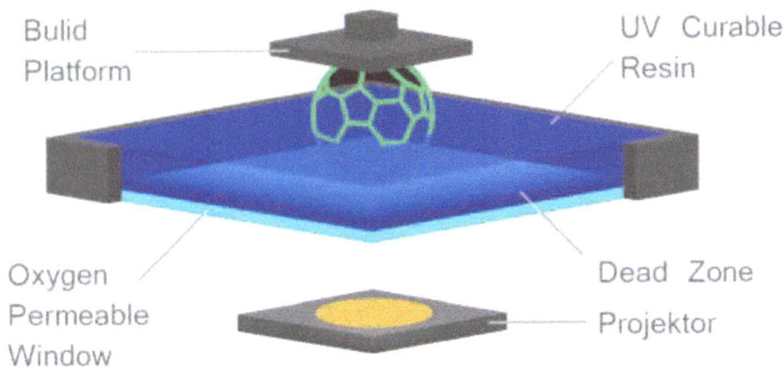

Abbildung 3 Schematischer Aufbau: Continuous Liquid Interface Production (vgl. [Dor15])

Das Werkstoffspektrum ist ebenfalls auf photosensitive Rohstoffe begrenzt. Die Firma Carbon3D bietet selbst fünf Werkstoffe mit unterschiedlichsten Materialeigenschaften an, die zu ihrer Technik kompatibel sind. (vgl. [Dor16a], S. 2–3)

2.2.1.4 Multi Jet Modeling / Poly-Jet

Das Multi- oder auch Poly-Jet Modeling kann als eine Mischung aus Stereolithografie und der Technik eines Tintenstrahldruckers gesehen werden. Ankerpunkt eines zu erzeugenden Objekts ist, wie bei allen Verfahren, die Bauplattform. Darüber ist ein auf der Z- sowie X-Achse beweglicher Druckkopf angebracht. Er enthält neben mehreren Düsen ebenfalls eine UV-Lichtquelle. (vgl. [Geb16], S. 119)

Durch den Einsatz von Düsen erfolgt der Werkstoffauftrag im Gegensatz zu allen bisher vorgestellten Verfahren punktuell. Der Druckkopf wird über einen Tank mit Polymer versorgt, welches in Form winziger Tröpfchen auf die Bauplattform gesprüht wird. Die im Kopf integrierte Lichtquelle härtet das versprühte Polymer anschließend sofort aus. Zum Aufbau jeder weiteren Schicht wird die Bauplattform um die Stärke einer Schicht abgesenkt. (vgl. [Els09], S. 21)

Durch den Einsatz mehrerer Düsen im Druckkopf ist es mithilfe dieses Verfahrens möglich, mehrere Materialien gleichzeitig zu verarbeiten. Überhängende Strukturen stützt der Drucker mit einem Stützmaterial, das nach der Fertigstellung leicht zu entfernen ist. Auch unterschiedliche Materialeigenschaften innerhalb eines Bauteils lassen sich auf diese Weise realisieren. Die Qualität der Bauteile ist durch den Einsatz der Druckdüsen ebenfalls sehr hoch und mit einer Auflösung von 450dpi und einer minimalen Schichtdicke von 40µm durchaus vergleichbar mit dem DLP. (vgl. [Reb14])

Auch wenn dieses Verfahren mehrere Materialien gleichzeitig verbauen kann, ist es in der Auswahl verwendbarer Materialen trotzdem auf photosensitive Polymere und Wachse als Stützmaterial begrenzt. (vgl. [Bre13], S. 34–36)

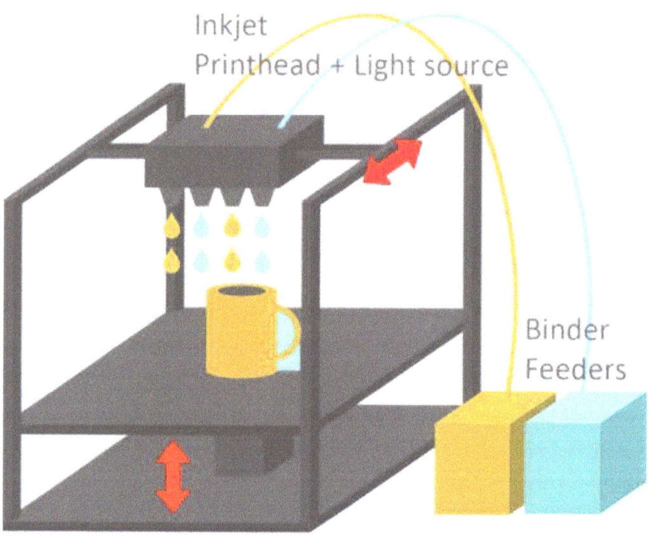

Abbildung 4Schematischer Aufbau: Multi Jet Modeling

2.2.1.5 Fused Deposition Modeling

Die Technik des Fused Deposition Modeling oder auch Fused Filament Fabrication genannt, wurde ebenfalls Ende der achtziger Jahre von S. Scott

Crump entwickelt. Es basiert auf dem Prinzip der Extrusion. Dabei kommen thermoplastische Werkstoffe zum Einsatz, die durch einen beheizbaren Extrusionskopf bis oberhalb ihrer Erstarrungstemperatur erhitzt werden, um sie formbar zu machen. Der Extrusionskopf besitzt dabei zwei Freiheitsgrade in Richtung Z- sowie X-Achse, um das geschmolzene Material auf einer Bauplattform abzulegen. Nach Erzeugung einer Schicht wird die Bauplattform abgesenkt, um die nächste Schicht aufzubauen. Dieser Vorgang wird bis zur Fertigstellung des Objekts wiederholt. Das FDM Verfahren besitzt zudem zwei unterschiedliche Extrusionsdüsen. Eine, um den Werkstoff zu verarbeiten und die zweite, um gegebenenfalls Stützstrukturen aus einem anderen Werkstoff herstellen zu können. Aufgrund der Eigenschaften des verarbeiteten Materials können überhängende Strukturen bis zu einem Winkel von 45° zur Senkrechten jedoch auch ohne Stützkonstruktionen hergestellt werden. Dies liegt an der hohen Schmelzviskosität und der schnellen Erstarrung des Materials nach der Extrusion.

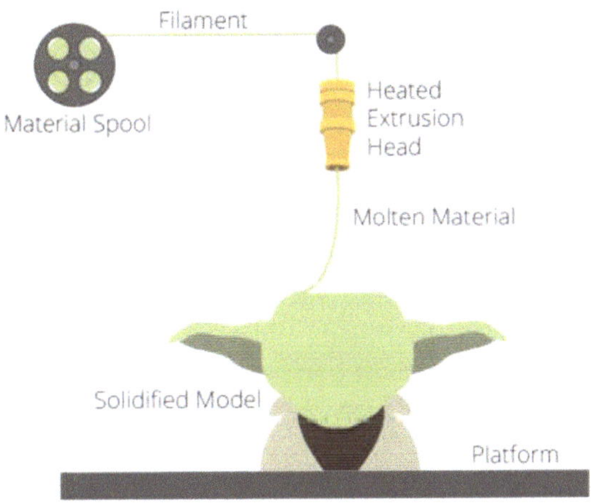

Abbildung 5Schematischer Aufbau: Fused Deposition Modeling (vgl. [3D17a])

Ein Vorteil dieses Verfahrens besteht in der Möglichkeit, den Werkstoff auch während des Bauprozesses zu wechseln. So können zum Beispiel unterschiedliche Farben oder Materialeigenschaften auf Schichtebene erzeugt werden. (vgl. [Els09], S. 16–17)

Bedingt durch die Technik der Extrusion steht diesem Verfahren eine große Auswahl verschiedener Kunststoffe zur Verfügung. Zudem ist es ein vergleichsweise günstiges Verfahren, weshalb es auch zu den verbreitetsten Verfahren im Heimbereich zählt. (vgl. [Bre13], S. 32–34)

Ein Nachteil dieser Technik ist allerdings die vergleichsweise geringe Auflösung mit einer minimalen Schichtdicke von 250µm. Hinzu kommt, dass die Technik in Sachen Druckgeschwindigkeit nicht mit anderen Methoden mithalten kann. (vgl. [Reb14], S. 21–23)

2.2.2 Erfassung und Aufbereitung von 3D-Daten

Als Grundlage jedes gedruckten Objekts dient ein zuvor erstelltes, virtuelles 3D-Modell. Der Prozess von der Erstellung des Objekts bis zur Übertragung der Daten an den Drucker wird häufig als „Pre-Processing" bezeichnet. Er besteht im Wesentlichen aus vier Schritten, die im Folgenden kurz erläutert werden. (vgl. [Mar15], S. 18–19)

2.2.2.1 3D-Entwurf mittels CAD-Software

Zur Visualisierung eines Bauvorhabens dient in jedem Fall ein zuvor erstellter 3D-Entwurf. Zur Erzeugung eines solchen Entwurfes können verschiedene Möglichkeiten in Betracht gezogen werden. Ausgehend von einem vorhandenen physikalischen Objekt, gibt es die Möglichkeit der Vermessung mittels optischer Kameras oder 3D-Laserscannern. Existiert hingegen kein physikalisches Objekt, muss es mittels Computer-aided-design (CAD) händisch modelliert werden. In beiden Fällen liegt als Ergebnis ein 3D-Volumenmodell vor. Dieses Modell beinhaltet typischerweise keine material-, farb-, verfahrens- oder anlagenspezifischen Daten. Es besteht lediglich aus den reinen Geometrieinformationen. (vgl. [Reb14], S. 26–94)

2.2.2.2 Konvertierung in STL-Format

Für die weitere Verarbeitung eines CAD-Modelles ist die Konvertierung der Daten in das STL-Format notwendig. Dabei wird die Oberfläche des Objektes durch Triangulation in Polygone eingeteilt.

Zu jedem Polygon werden dabei die Koordinaten der drei Eckpunkte sowie der zugehörige Normalvektor gespeichert. (vgl. [Geb16], S. 35–37)

Dieser Prozess ist für das weitere Vorgehen zwar notwendig, jedoch entsteht dabei, wie in Abbildung 7 zu sehen, das sogenannte Annäherungsproblem. Es beschreibt die Problematik, Rundungen mittels Polygonen darzustellen.

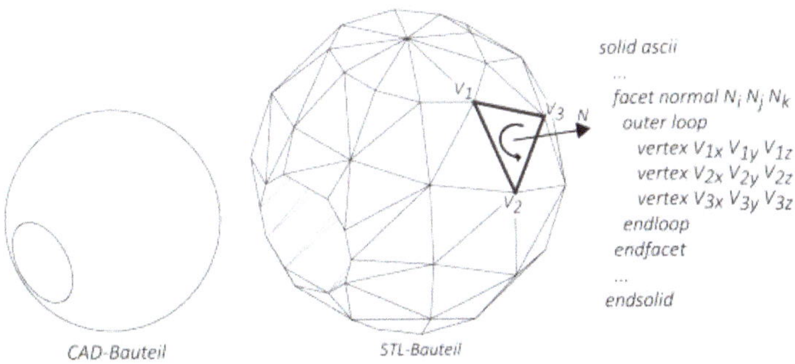

Abbildung 6 Konvertierung eines CAD-Bauteils in das STL-Format (vgl. [Mar15], S. 7-8)

Durch ein Näherungsverfahren, bei dem die Dichte der Polygone erhöht wird, können Rundungen zwar sehr genau abgebildet werden, jedoch kann das triangulierte Objekt niemals mit absoluter Genauigkeit dargestellt werden. Trotz dieses und einiger weiterer Defizite hat sich das Format als de facto Standard durchgesetzt. (vgl. [Geb16], S. 35–37)

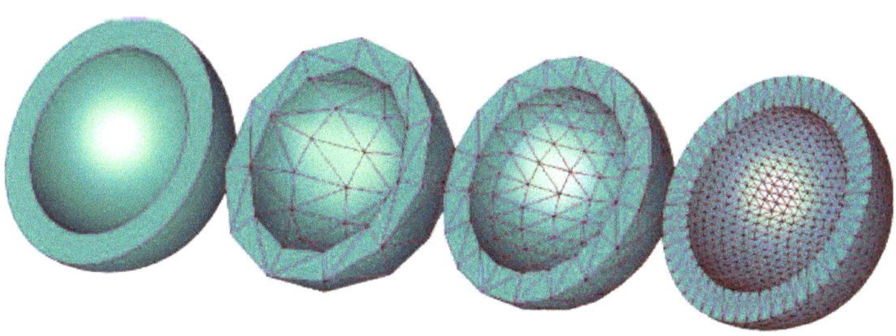

Abbildung 7 Darstellung des Annäherungsproblems bei der Triangulation (vgl. [Flo19], S. 1)

Weiterentwicklungen, wie zum Beispiel das von Microsoft entwickelte AMF-Format auf XML-Basis, lösen dieses Problem zwar weitaus besser und bieten zudem weitere Vorteile, konnten sich bisher jedoch trotzdem nicht durchsetzen. (vgl. [Ste15])

Durch die Überführung des 3D-Modells in ein Netz aus Dreiecksflächen kann es nun an jeder beliebigen Z-Koordinate durchschnitten werden. Dies ist für die folgenden Schritte zwingend erforderlich. (vgl. [Mar15], S. 7–8)

2.2.2.3 Generierung von Schichtinformationen

Der wesentliche Schritt während des „Pre-Processsing" besteht in der Schichtdatengenerierung. Dieser Schritt wird auch „Slicing" genannt und beschreibt die Zerlegung eines 3D-Objekts in einzelne Schichten. Als Input werden die zuvor errechneten STL-Daten verwendet, die sich durch die Triangulation, wie zuvor beschrieben, an jeder Z-Koordinate zerschneiden lassen. Aus den Schichtinformationen wird die notwendige Bewegung des Druckkopfes beziehungsweise der zu belichtende Bereich ermittelt. (vgl. [Mar15], S. 16–18)

2.2.2.4 Erzeugung von G-Code

Da die Schichtinformationen nicht direkt vom Drucker verarbeitet werden können, wird daraus ein maschinenlesbarer „Generic Code" erzeugt. Er enthält neben den Schichtinformationen des Modells auch alle nötigen Steuerinformationen, wie zum Beispiel den erforderlichen Materialvorschub, die Materialtemperatur und notwendige Stützstrukturen. Er wird über eine Schnittstelle an den Drucker übertragen und kann anschließend genutzt werden, um das vorab modellierte 3D-Modell zu produzieren. (vgl. [Ste15], S. 1)

2.2.3 Verfügbare 3D-Drucker

Der Markt für Desktop-3D-Drucker wächst seit Jahren beständig. Etablierte Hersteller investieren zunehmend in die Entwicklung neuer Geräte und verzeichnen jährlich deutliche Umsatzzuwächse. Die vom Erfinder des 3D-Drucks, Chuck Hull, gegründete Firma 3D-Systems aus den USA verzeichnet beispielsweise eine Umsatzentwicklung von 138,9 Millionen US-Dollar im Jahr 2008 auf 633 Millionen Dollar im Jahr 2016. Das entspricht einem Zuwachs von über 455,7%. (vgl. [3D-17b]) Hinzu kommen immer mehr Kickstarter-Projekte, die ihre Entwicklungen erfolgreich vermarkten. (vgl. [3De17])

So ergibt sich eine große Auswahl an verschiedenen Systemen, die aktuell auf dem Markt für Privatverbraucher verfügbar sind. Um einen Einblick in die verschiedenen Systeme zu geben, werden im Folgenden exemplarisch fünf Geräte der wichtigsten Hersteller von Desktop-3D-Druckern, gemessen am Marktanteil, vorgestellt. (vgl. [CON17])

Aus den oben vorgestellten Druckern lässt sich erkennen, dass das FDM Verfahren die meist verwendete Technologie in Privathaushalten ist. Wie in Kapitel 2.2.1 bereits angesprochen, bietet sie ein breites Spektrum an verwendbaren Materialien, was den Vorteil hat, dass sich Objekte mit unterschiedlichsten Materialeigenschaften erzeugen lassen. Lediglich die Kombination aus verschiedenen Materialien, wie zum Beispiel Kunststoff und Metall innerhalb eines Objektes, kann mit heutigen Desktop-Druckern nicht realisiert werden.

Der Preis der einzelnen Drucker ist abhängig von der verwendeten Technologie und der Ausstattung des jeweiligen Modells. Neben den bereits aufgeführten Eigenschaften gibt es weitere, die Einfluss auf den Preis eines Druckers haben. Aufgrund der Relevanz für das vorliegende Forschungsfeld wurde jedoch darauf verzichtet sie aufzuführen. Der durchschnittliche Preis eines Desktop-3D-Druckers ist mit über 1000€ jedoch relativ hoch. Es sind zwar auch günstigere Geräte am Markt verfügbar, diese eignen sich jedoch aufgrund mangelnder Qualität oft nicht zum produktiven Einsatz als Desktop-3D-Drucker. (vgl. [Möl17], S. 1–3)

	XYZprinting Nobel 1.0A	**Wanhao D7**	**Monoprice Maker Ultimate 3D**	**Ultimaker Ultimaker 3**	**M3D M3D Pro**
Preis	1999€	335€	588€	2995€	755€
Technik	STL	DLP	FDM	FDM	FDM
Druckbereich	128 x 128 x 200	120 x 70 x 200	200 x 200 x 175	215 x 215 x 200	177 x 177 x 190

	XYZprinting Nobel 1.0A	Wanhao D7	Monoprice Maker Ultimate 3D	Ultimaker Ultimaker 3	M3D M3D Pro
Auflösung X-/Y-Axis	130µm	30µm	12,5µm	12,5µm	6,5µm
Auflösung Z-Axis	25µm	35µm	2,5µm	2,5µm	2,5µm
Filament	Photopolymer Kunstharz	Photopolymer-Kunstharz	Thermoplastische Werk-stoffe	Nylon, PLA, ABS, CPE, CPE+, PC, TPU95A, PP, PVA	Thermoplastische Werkstoffe
Geschw.	N/A	30mm/s	1-150mm/s	16mm/s	1-120mm/s

Tabelle 1 3D-Drucker der 5 wichtigsten Hersteller
(vgl. [XYZ17], S. 3, [Wan17], S. 4, [Mon17], S. 5-6, [Ult17], S. 2, [M3D17], S. 4)

Eine Gemeinsamkeit lässt sich jedoch bei allen vorgestellten Druckern erkennen: Die Druckgeschwindigkeit der aktuellen Systeme ist mit maximal 150mm/s für einen produktiven Einsatz ebenfalls nicht optimal. Dabei ist zu bedenken, dass die Qualität des Drucks stark von der Druckgeschwindigkeit abhängt. Je schneller gedruckt wird, desto ungenauer wird das Ergebnis. Wie stark diese Abweichung ist, hängt von der Beschaffenheit des zu druckenden Modells ab. (vgl. [sha17], S. 1–2)

Eine weitere Gemeinsamkeit ist der begrenzte Bauraum. Hinsichtlich der vorgestellten Drucker beträgt er im Durchschnitt 168 x 158 x 193mm, was umgerechnet 51,2cm^3 ergibt. Sobald größere Bauteile erzeugt werden sollen, müssen sie aus mehreren Objekten zusammengefügt werden.

2.3 Methodik: Erkenntnisgewinn durch Anwendung der Szenario-Analyse

Um die zuvor definierte Forschungsfrage beantworten zu können, soll im Folgenden eine Szenario-Analyse durchgeführt werden. Darin wird unter Berücksichtigung der zuvor in Kapitel 2.2 erläuterten Möglichkeiten und Probleme erarbeitet, welche Faktoren Einfluss auf die Etablierung des 3D-Drucks nehmen und wie sich diese Faktoren eventuell gegenseitig beeinflussen. Aus den erarbeiteten Daten werden im Laufe der Analyse verschiedene Szenarien konstruiert, aus denen hervor geht, welche Faktoren für die Etablierung des 3D-Drucks in Privathaushalten verantwortlich sind. Das genaue Vorgehen zur Durchführung einer Szenario-Analyse wird im folgenden Kapitel erläutert.

2.3.1 Allgemein

Bei der Szenario-Analyse handelt es sich nicht um einheitliches Verfahren. Vielmehr existieren zahlreiche unterschiedliche Ansätze, die sich hinsichtlich ihres Umfanges, ihrer Phasen und ihrer methodischen Ausrichtung unterscheiden. Dabei soll stets die Wirkung von zuvor identifizierten Einflussfaktoren auf ein Untersuchungsumfeld erfasst werden. (vgl. [Göt93], S. 71)

Volker Oberkampf definiert die Szenario-Analyse als „eine integrierte, systematische und vorausschauende Betrachtung, bei der ausgehend von einer heutigen Situation, unter Zugrundelegung und Beachtung des zeitlichen Bezugs plausibler Entwicklungen und Ereignisse, das Zustandekommen und der Rahmen zukünftiger Situationen aufgezeigt werden soll." (vgl. [Obe76], S. 7)

Es gilt dabei mehrere alternative Zukunftsbilder zu entwerfen, auf deren Grundlage sich die unterschiedliche Entwicklung der Umweltfaktoren erkennen lässt. Die Methodik der Szenario-Analyse lässt sich durch den sogenannten „Szenario-Trichter" veranschaulichen. Dieser ist in Abbildung 8 exemplarisch dargestellt.

Ausgangspunkt der Betrachtung ist das dünne Ende des Trichters. Dort ist das zuvor definierte Untersuchungsfeld durch verschiedene Einflussfaktoren beschrieben. Durch die Trichterform lässt sich erkennen, dass sich das Spektrum möglicher Entwicklungen vergrößert, je weiter diese Faktoren in die Zukunft projiziert werden. Das Trendszenario liegt dabei in der Mitte des Trichterausganges und beschreibt die lineare Entwicklung des gegenwärtigen Untersuchungsfelds, wie in Abbildung 8 dargestellt. Berücksichtigt man nun die zuvor identifizierten Einflussfaktoren, ergibt sich ein anderer Verlauf als im Trendszenario, dargestellt durch das Szenario A in Abbildung 8. Die Randpunkte des Trichters bilden dabei die Extremszenarien der Analyse. Unvorhersehbarkeiten in der Umweltentwicklung werden in der Szenario-Analyse als Störereignis bezeichnet. Sie können Einfluss auf die Projektion eines Szenarios haben. Um dies zu korrigieren, muss das Vorkommen frühzeitig erkannt werden und anschließend durch geeignete Gegenmaßnahmen wieder in die gewünschte Richtung gelenkt werden. Dies ist in Abbildung 8 anhand des Szenarios B exemplarisch dargestellt. (vgl. [Ort07], S. 251–253), (vgl. [Göt93], S. 77)

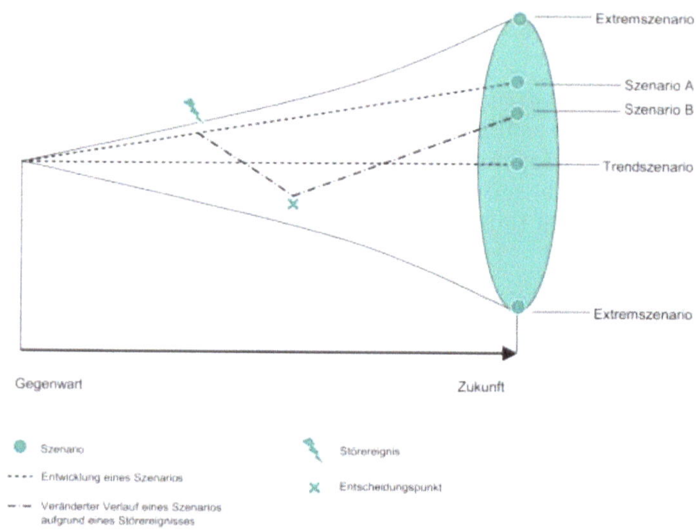

Abbildung 8 Szenario-Trichter mit zwei Alternativszenarien (vgl. [Göt93], S. 40)

2.3.2 Das Untersuchungsfeld

In diesem ersten Schritt der Szenario-Analyse wird der Bereich definiert, dessen Entwicklung prognostiziert werden soll. Die Definition des Untersuchungsfelds stellt die Verbindung zwischen Anwendungsgebiet und

Szenario-Analyse dar. Es dient als Grundlage für dessen weiteren Verlauf. (vgl. [Göt93], S. 100)

Je nach Anforderung können die Ausmaße des definierten Feldes von einzelnen Abteilungen eines Unternehmens bis hin zu der Analyse einer kompletten Branche reichen. (vgl. [Ort07], S. 253)

2.3.3 Identifikation von Einflussfaktoren mittels SWOT-Analyse

Für das zuvor definierte Untersuchungsfeld sind im nächsten Schritt die Umweltfaktoren zu identifizieren, die Einfluss auf dessen Entwicklung haben. Dabei kann es sich sowohl um innere als auch um äußere Faktoren handeln. Grundsätzlich wird zwischen kritischen und unkritischen Faktoren unterschieden. Als kritisch wird ein Faktor bezeichnet, dessen Entwicklung nicht präzise prognostiziert werden kann. Als unkritisch gilt hingegen ein Faktor, wenn sich seine Entwicklung aufgrund klar abzeichnender Trends präzise vorhersagen lässt. (vgl. [Ort07], S. 253)

Zur Identifikation der Einflussfaktoren wird ein Teil der SWOT-Analyse angewandt. Ihr Name ist ein Akronym für „Strengths", „Weaknesses", „Opportunities" und „Threats". Sie ist ein Werkzeug aus dem Bereich der strategischen Unternehmensplanung und dient im Normalfall zur Positionsbestimmung eines Unternehmens in seiner Umwelt. Die Szenario-Analyse nutzt dabei die Chancen-Risiken-Analyse sowie die Stärken-Schwächen-Analyse der SWOT-Analyse zur Identifikation von Einflussfaktoren. Die Chancen-Risiken-Analyse setzt sich mit äußeren Einflüssen auseinander, während sich die Stärken-Schwächen-Analyse auf innere Einflüsse bezieht. Die ermittelten Faktoren resultieren allgemein aus politischen, gesellschaftlichen, kulturellen sowie gesetzlichen Änderungen oder durch technologische Entwicklungen. (vgl. [Gab17], S. 1)

Die Ergebnisse werden in Katalogen gesammelt und anschließend in einer Matrix (s. Abbildung 9) veranschaulicht.

Zur Durchführung einer vollständigen SWOT-Analyse würden die Überschneidungen der ermittelten Einflussfaktoren anschließend einander gegenübergestellt werden. Zur Verwendung in der Szenario-Analyse ist die Aufstellung der Faktoren jedoch vollkommen ausreichend. (vgl. [Ort07], S. 256), (vgl. [Göt93], S. 106)

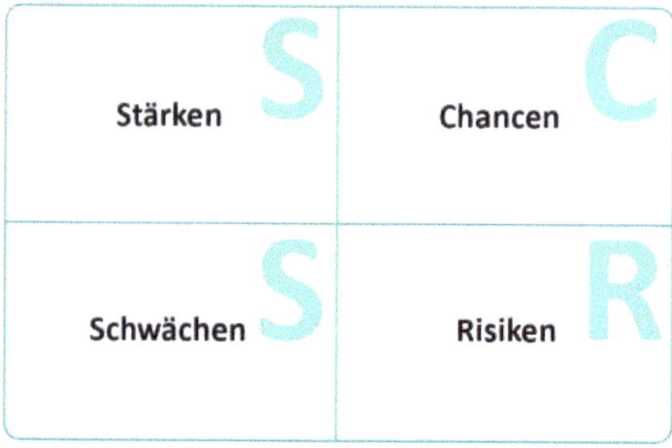

Abbildung 9 Kategorie-Matrix der SWOT-Analyse

2.3.4 Anwendung der Einflussanalyse

Nachdem in den vorangegangenen Schritten bereits das Untersuchungsfeld definiert und anschließend Faktoren identifiziert wurden, die auf dessen Entwicklung Einfluss nehmen, werden in diesem Schritt die gegenseitigen Abhängigkeiten der Faktoren identifiziert. Dieser Arbeitsschritt ist wichtig, um die Wirkung der einzelnen Faktoren auf das Gesamtsystem zu ermitteln. Zur Erhebung der notwendigen Daten wird eine Einflussanalyse durchgeführt, deren methodisches Vorgehen im Folgenden erläutert wird.

2.3.4.1 Erstellung einer Einflussmatrix anhand identifizierter Einflussfaktoren

Im Rahmen der Einflussanalyse wird die Wirkung der Einflussfaktoren untereinander ermittelt. Durch dieses Vorgehen wird deutlich, welche Bedeutung die einzelnen Faktoren für das gesamte System einnehmen. Zudem lässt sich bestimmen, welche Faktoren den größten Einfluss auf das Szenariofeld haben und welche Faktoren sich durch Veränderungen des Feldes am stärksten beeinflussen lassen. Um diese Daten zu erheben, werden die Einflussfaktoren in einer Matrix (siehe Abbildung 10) gegenübergestellt und deren Wechselwirkung bewertet. Es wird für jeden Faktor die Einflussstärke e_{ij} ermittelt. Diese gibt an, wie stark sich die Änderung eines Faktors i auf einen anderen Faktor j auswirkt. (vgl. [Göt93], S. 145)

Zur Bewertung wird die folgende Skala verwendet:

0 = keine oder sehr schwache Wirkung
1 = schwache Wirkung
2 = mittlere Wirkung
3 = starke Wirkung

j \ i	1	2	3	4	5	6	7	8	9	10	11	12	13	14	15	16	17	AS	II	DI
1		0	0	0	1	0	0	0	0	1	0	1	0	0	0	0	0	3	0,27	33
2	0		0	0	0	0	0	0	0	0	1	3	3	2	2	0	0	11	11,00	11
3	0	0		0	0	0	0	0	0	0	1	3	2	0	0	0	0	6	-	0
4	1	0	0		2	1	2	0	1	1	3	1	1	0	0	0	0	13	4,33	39
5	2	0	0	0		0	0	1	1	0	1	1	2	1	2	0	0	11	0,85	143
6	0	0	0	0	1		3	1	0	1	0	0	1	0	0	0	0	7	1,75	28
7	1	0	0	1	0	1		1	1	2	0	0	0	0	0	0	0	7	1,17	42
8	1	0	0	0	1	0	0		2	0	0	1	0	1	1	0	0	7	0,64	77
9	0	0	0	1	2	1	0	3		2	0	1	0	1	3	0	0	14	2.00	98
10	1	0	0	1	1	1	1	1	1		0	1	1	1	2	0	0	12	1,00	144
11	1	0	0	0	2	0	0	0	0	0		3	1	1	0	0	0	8	1,33	48
12	0	0	0	0	1	0	0	0	0	1	0		2	2	0	0	0	6	0,33	108
13	0	0	0	0	0	0	0	0	0	1	0	1		0	0	0	0	2	0,13	30
14	0	0	0	0	1	0	0	2	0	1	0	2	2		0	0	0	8	0,73	88
15	1	0	0	0	1	0	0	2	0	2	0	0	0	0		0	0	6	0,55	66
16	2	1	0	0	0	0	0	0	1	0	0	0	0	2	0		0	6	-	0
17	1	0	0	0	0	0	0	0	0	0	0	0	0	0	1	0		2	-	0
PS	11	1	0	3	13	4	6	11	7	12	6	18	15	11	11	0	0			

Abbildung 10 Beispielhafte Darstellung einer Vernetzungsmatrix (vgl. [Ort07], S. 258)

Falls notwendig, lässt sich die Zahl der relevanten Faktoren durch die Identifikation von Schlüsselfaktoren eingrenzen oder in eine Rangfolge bringen. Auf Basis der fertigen Matrix lassen sich verschiedene Kennzahlen errechnen, aus denen sich die Stellung eines Faktors in Bezug auf das definierte Gesamtsystem beurteilten lässt. Im Folgenden werden die Kennzahlen und ihre Bedeutung kurz erläutert. (vgl. [Ort07], S. 254) (vgl. [Miß93], S. 54–56), (vgl. [Her04], S. 32–34)

Asi Aktivsumme des Einflussfaktors i $AS_j = \sum_i e_{ij}$

Die Aktivsumme wird aus der Zeilensumme der Matrix gebildet und gibt an, wie stark ein Faktor j die anderen Faktoren direkt beeinflusst. Je größer die Aktivsumme, desto höher der Einfluss auf die anderen Faktoren des Systems.

PSi Passivsumme des Einflussfaktors i $PS_i = \sum_j e_{ij}$

Die Passivsumme wird aus der Spaltensumme gebildet und sagt aus, wie stark ein Faktor i durch die anderen Faktoren des Systems beeinflusst wird. Je höher die Passivsumme, desto größer die Beeinflussung durch die anderen Faktoren.

IIi Impuls-Index des Einflussfaktors i $II_i = \frac{AS_i}{PS_i}$

Der Impuls-Index eines Faktors errechnet sich durch Dividieren von Aktiv- und Passivsumme. Er gibt die Eigenkraft eines Faktors an. Trifft also eine Aussage darüber, ob ein Faktor beeinflussend agiert oder eher beeinflusst wird. Man spricht dabei von proaktiven und reaktiven Faktoren. Ist der errechnete Quotient dabei >= 1 spricht man von einem proaktiven, also einem beeinflussenden Faktor. Ist der Quotient < 1 spricht man von einem reaktiven, also einem beeinflussten Faktor.

DIi Dynamik-Index des Einflussfaktors i $DI_i = AS_i \times PS_i$

Der Dynamik-Index errechnet sich aus der Multiplikation von Aktiv- und Passivsumme eines Faktors. Er gibt die Vernetzung des Faktors innerhalb des Untersuchungsfelds an. Dabei gilt: Je höher der Index, desto stärker die Vernetzung im Untersuchungsfeld.

2.3.4.2 Überführung der Einflussmatrix in ein System-Grid

Die ermittelten Aktiv- und Passivsummen der Einflussfaktoren lassen sich zur besseren Veranschaulichung in einem System-Grid grafisch darstellen. Dazu werden die ermittelten Summen in ein Koordinatensystem übertragen, welches in vier Felder aufgeteilt wird. Die Grenzen der Felder ergeben sich aus der durchschnittlichen Aktiv- bzw. Passivsumme aller Faktoren. (vgl. [Miß93], S. 57–58) In Abbildung 11 ist dies exemplarisch dargestellt.

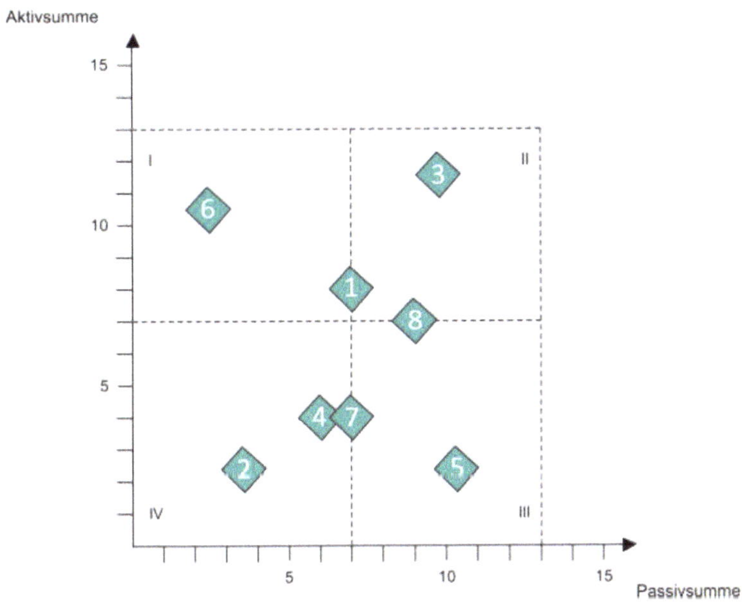

Abbildung 11 Beispielhafte Darstellung eines System-Grids

Die entstandenen Felder tragen zur Einordnung der Faktoren im System bei. Je nachdem, in welchem Feld ein Faktor liegt, wird ihm eine andere Wirkung auf das Untersuchungsfeld zugesprochen. Die Bedeutung der vier Felder wird im Folgenden kurz erläutert. (vgl. [Rei92], S. 36–38), (vgl. [Ort07], S. 258–260), (vgl. [Her04], S. 34–36), (vgl. [Göt93], S. 148)

Feld I Aktive Elemente

Faktoren, die innerhalb des oberen linken Feldes liegen, werden aktive Elemente genannt. Sie zeichnen sich durch eine überdurchschnittlich hohe Aktivsumme und eine unterdurchschnittliche Passivsumme aus. Sie haben großen Einfluss auf andere Elemente, werden dabei jedoch wenig von anderen beeinflusst. Damit gelten sie als treibende Kräfte innerhalb des Untersuchungsfelds.

Feld II Ambivalente Elemente

Faktoren innerhalb des oberen rechten Feldes werden als ambivalent bezeichnet. Sie haben einerseits großen Einfluss auf andere Faktoren, werden andererseits jedoch auch stark durch andere beeinflusst. Sie zeichnen sich sowohl durch eine überdurchschnittlich hohe Aktiv- als auch Passivsumme aus. Sie sind sowohl treibende als auch getriebene Elemente.

Feld III Passive Elemente

Im unteren rechten Feld liegende Faktoren werden als passiv bezeichnet. Sie weisen eine überdurchschnittliche Passivsumme sowie eine unterdurchschnittliche Aktivsumme auf. Sie werden durch andere Elemente des Systems beeinflusst, steuern dabei selbst jedoch kaum Elemente.

Feld IV Puffernde Elemente

Das linke untere Feld beinhaltet Elemente, die als puffernd bezeichnet werden. Sie sind innerhalb des Untersuchungsfelds relativ isoliert von äußeren Einflüssen. Ihre Aktiv- sowie ihre Passivsummen sind dabei unterdurchschnittlich gering. Sie werden durch andere Faktoren wenig beeinflusst und beeinflussen andere Faktoren im Gegenzug ebenfalls wenig.

2.3.5 Ableitung von Schlüsselfaktoren

Je höher die Anzahl der ermittelten Einflussfaktoren, desto wichtiger ist die Identifikation sogenannter Schlüsselfaktoren. Sie definieren sich als die treibenden Faktoren innerhalb des Untersuchungsfelds und beeinflussen dessen Entwicklung in großem Maße. Um die Rangfolge der Faktoren hinsichtlich ihrer Bedeutung für das Untersuchungsfeld festzulegen, wird die Zugehörigkeit eines Faktors zu den Feldern des System-Grids berücksichtigt. (vgl. [Her04], S. 36–37) Dabei gelten folgende Regeln zur Sortierung der Faktoren.

Regel Nr. 1 — Die Faktoren werden nach der Zugehörigkeit zu den Quadranten sortiert. Dabei gilt folgende Reihenfolge:

aktive – ambivalente – passive – puffernde Einflussfaktoren

Da durch diese Methode keine eindeutige Sortierung erfolgt, werden in der Literatur zwei weitere Regeln definiert, die der Reihenfolge nach anzuwenden sind.

Regel Nr. 2 — In jedem der vier Quadranten wird die Diagonale von links unten nach rechts oben eingezeichnet. Einflussfaktoren oberhalb der Diagonale werden vor den Faktoren unterhalb der Diagonale einsortiert.

Regel Nr. 3 — Variablen mit einer höheren Differenz zwischen Aktiv- und Passivsumme werden wiederrum vorrangig einsortiert. Sollte es Faktoren mit gleicher Differenzsumme geben, entscheidet die Höhe des Produktes aus Aktiv- und Passivsumme über die Höhe des Ranges.

Nach erfolgter Anwendung dieser Regeln können anhand der Sortierung die Schlüsselfaktoren identifiziert werden. Dabei gilt: Je höher der Rang, desto größer die Eignung als Schlüsselfaktor. (vgl. [Miß93], S. 58–59)

2.3.6 Bilden von Projektionen

In diesem Schritt werden für die als relevant identifizierten Schlüsselfaktoren mögliche Zukunftsentwicklungen in Form von Projektionen erarbeitet. Da keine Einflussfaktoren existieren, deren Zukunftsentwicklung sich mit absoluter Sicherheit vorhersagen lässt, werden für jeden Faktor mindestens zwei mögliche Alternativentwicklungen gebildet. Diese werden, wie in Tabelle 2 dargestellt, festgehalten. (vgl. [Rei92], S. 78), (vgl. [Ort07], S. 260), (vgl. [Göt93], S. 109–111)

Einflussfaktor	**Projektion**
Einflussfaktor 1	Projektion 1
	Projektion 2

Tabelle 2 Beispielhafte Darstellung einer Projektionstabelle

2.3.7 Erarbeitung von Rohszenarien

Nachdem aus den Schlüsselfaktoren im vorangegangenen Schritt mögliche Zukunftsentwicklungen projiziert wurden, gilt es in diesem Schritt, aus den einzelnen Projektionen konsistente Rohszenarien zu bilden. Da sich je nach Anzahl vorhandener Projektionen zahlreiche Kombinationsmöglichkeiten ergeben, wird zuerst eine Konsistenzanalyse durchgeführt. Damit soll festgestellt werden, welche Kombinationen konsistente, das heißt widerspruchsfreie Rohszenarien ergeben würden. Das methodische Vorgehen dieser Analyse wird im Folgenden kurz erläutert.

2.3.7.1 Konsistenzanalyse

Wie zuvor bereits beschrieben, dient die Konsistenzanalyse dazu, möglichst glaubwürdige Rohszenarien entwickeln zu können. Um dies zu erreichen, werden die Zukunftsprojektionen paarweise auf ihre Konsistenz hin überprüft. Dies findet in der so genannten Konsistenzmatrix statt. Darin wird die Konsistenz aller möglichen Kombinationen bewertet. Projektionen, die dabei nicht zueinander passen, werden als widersprüchlich bzw. inkonsistent zueinander angesehen. Die Konsistenz eines Projektionspaares wird richtungsunabhängig geprüft, weshalb die Konsistenzmatrix lediglich oberhalb oder unterhalb, wie in Abbildung 12 dargestellt, auszufüllen ist.

		1		2		3			:	8	
		1.1	1.2	2.1	2.2	3.1	3.2	3.3	:	8.1	8.2
1	1.1								:		
	1.2								:		
2	2.1	+1	0						:		
	2.2	+2	-1						:		
3	3.1	0	-1	+2	0				:		
	3.2	-1	0	0	0				:		
	3.3	+1	0	-1	+2				:		
:	:	:	:	:	:	:	:	:		:	:
8	8.1	+2	1	+1	0	-2	0	+1	:		
	8.2	+1	+1	0	-1	-1	0	0	:		

Abbildung 12 Beispielhafte Darstellung einer Konsistenzmatrix

Zur Beurteilung des Konsistenzwertes werden in der Literatur verschiedene Skalen vorgeschlagen. Für diesen Beitrag wird zur Durchführung der Analyse das Tool „Szeno-Plan“ genutzt, das folgende Skala vorgibt.

-2	**Totale Inkonsistenz**	Die verglichenen Projektionen schließen sich gegenseitig klar aus und können nicht in einem gemeinsamen Szenario verwendet werden.
-1	**Partielle Inkonsistenz**	Es besteht ein Widerspruch zwischen den beiden betrachteten Projektionen. Die Verwendung innerhalb des gleichen Szenarios könnte sich negativ auf die Glaubwürdigkeit dessen auswirken.

0	**Neutral oder unabhängig voneinander**	Die verglichenen Projektionen haben keinen Einfluss aufeinander. Bei der Verwendung innerhalb des gleichen Szenarios tragen sie weder zur Glaubwürdigkeit bei, noch wirken sie sich negativ darauf aus.
1	**Gegenseitige Begünstigung**	Eine Projektion begünstigt das Eintreten der anderen. Die Verwendung innerhalb des gleichen Szenarios bietet sich an.
2	**Sehr starke gegenseitige Unterstützung**	Es ist sehr wahrscheinlich, dass bei Eintreten der ersten Projektion auch die zweite eintritt. Die Projektionen können sehr gut im gleichen Szenario verwendet werden.

Nach Abschluss des paarweisen Vergleichs wird für jedes mögliche Kombinationsbündel die Konsistenzsumme errechnet. Diese Kennzahl sagt aus, wie konsistent die einzelnen Kombinationen der Projektionen sind. Je höher die Konsistenzsumme, desto widerspruchsfreier das mögliche Szenario. Projektionsbündel, in denen mindestens ein total inkonsistentes Paar enthalten ist, werden verworfen und nicht weiter berücksichtigt. Alle übrigen Projektionsbündel werden nach ihrer Konsistenzsumme sortiert, um herauszufinden, welche Bündel sich am besten für das Bilden plausibler Szenarien eignen. (vgl. [Her04], S. 42–44), (vgl. [Göt93], S. 155–156), (vgl. [Miß93], S. 30), (vgl. [Ort07], S. 255)

2.3.7.2 Bilden der Rohszenarien

Von den zuvor auf Plausibilität geprüften Projektionsbündeln werden nun mindestens zwei zu Rohszenarien zusammengefasst. Dazu werden in der Literatur zwei Regeln definiert, die beim Bilden der Szenarien zu beachten sind.

- möglichst große Konsistenz der Projektionsbündel

- möglichst großer inhaltlicher Unterschied zwischen den Bündeln

Die Projektionen werden anhand des Ranges des dazugehörigen Einflussfaktors sortiert und zu Rohszenarien zusammengefasst. (vgl. [Rei92], S. 49–53), (vgl. [Ort07], S. 253), (vgl. [Ort07], S. 266–267)

2.3.8 Ausarbeitung von Szenarien

Aus den gebildeten Rohszenarien werden in diesem Schritt detaillierte Szenarien konstruiert. Dazu werden sie strukturiert und inhaltlich interpretiert. Anschließend wird das Szenario ausformuliert. In diesem Schritt können mögliche Störereignisse berücksichtigt werden und mit in die Entwicklung des Szenarios einfließen. Aus den gebildeten Szenarien kann anschließend erkannt werden, welche Einflüsse zu welcher Entwicklung führen können. Mit Hilfe der Einflüsse kann eine Entwicklung so gezielt in eine Richtung gesteuert werden. Sollte sich die Entwicklung durch das Eintreten von Störereignissen verändern, muss dies in Anbetracht eines möglichen Eingreifens und Gegensteuerns frühzeitig erkannt werden. Durch Interpretation der Szenarien können außerdem Handlungsstrategien für Unternehmen abgeleitet werden. (vgl. [Ort07], S. 268), (vgl. [Ort07], S. 253)

2.4 Analyse: Notwendige Voraussetzungen zur Etablierung generativer Fertigungsverfahren

Nachdem im vorangegangenen Kapitel das methodische Vorgehen beschrieben wurde, wird dies nun auf eine konkrete Fragestellung angewandt. Ziel des Vorgehens ist es herauszufinden, welche Voraussetzungen geschaffen werden müssen, um die Technik des 3D-Drucks in Privathaushalten zu etablieren. Wie zu Beginn bereits beschrieben, wird die Frage dazu zuerst in zwei Teilfragen zerlegt. Diese werden im Verlauf der Analyse nacheinander beantwortet, um schlussendlich die Forschungsfrage beantworten zu können.

2.4.1 Definition und Abgrenzung des Untersuchungsfelds

Das betrachtete Untersuchungsfeld umfasst ausschließlich Privathaushalte innerhalb Deutschlands. Dazu zählt jede zusammenwohnende und eine wirtschaftliche Einheit bildende Personengemeinschaft. Auch Einzelpersonen, die allein wohnen und wirtschaften, zählen laut Definition als Haushalt. Im Jahr 2016 betrug die Zahl der Haushalte in Deutschland 40,96 Millionen (vgl. [Fri16b]). Zu jedem Haushalt gehören dabei durchschnittlich 2,01 Personen. (vgl. [Fri16a])

2.4.2 Identifikation von Einflussfaktoren mittels SWOT-Analyse

Basierend auf der Stärken-Schwächen- bzw. Chancen-Risiken-Analyse aus einer SWOT-Analyse wurden folgende Faktoren ermittelt, die Einfluss auf die Entwicklung des 3D-Drucks innerhalb des definierten Untersuchungsfelds nehmen. Die ermittelten Faktoren lassen sich den Bereichen Wissenschaft, Politik, Wirtschaft und Gesellschaft zuordnen.

Die Daten in Tabelle 3 führen bereits zur Beantwortung der ersten Teilfrage: "Welche Faktoren haben Einfluss auf die Etablierung des 3D-Drucks?"

Nr.	Einflussfaktoren
1.	Wettbewerb zwischen den Drucker-Herstellern
2.	Urheberrecht
3.	Digital Rights Management
4.	Materialechtheit
5.	Missbräuchliche Nutzung
6.	Erforschung neuer Druck-Technologien
7.	Bedarf nach 3D-Druckern
8.	Produktnutzen für Privathaushalte
9.	Preisleistungsverhältnis
10.	Vermarktung von 3D-Druckern
11.	Entwicklung der Supply-Chain
12.	Druckgeschwindigkeit
13.	Genauigkeit
14.	Preis der Drucker
15.	Materialvielfalt / Eigenschaften
16.	Verfügbarkeit von 3D-Modellen
17.	Verfügbarkeit von 3D-Software
18.	Usability der Technologie
19.	Entwicklung von Standards

Tabelle 3 Identifizierte Einflussfaktoren

2.4.3 Analyse der Einflussfaktoren mittels Einflussanalyse

Die ermittelten Einflussfaktoren wurden in einer Vernetzungsmatrix gegenübergestellt, um deren Interdependenzen zu ermitteln. Anschließend wurden die Ergebnisse in ein System-Grid übertragen, damit die Bedeutung der ermittelten Einflussfaktoren für das Untersuchungsfeld analysiert werden kann. Das Ergebnis der Analyse zeigt die Stellung jedes einzelnen Faktors innerhalb des Untersuchungsfelds.

2.4.3.1 Ergebnisse der Vernetzungsmatrix

Die Wechselwirkung der Einflussfaktoren wurde innerhalb der Vernetzungsmatrix bewertet. Als Ergebnis der Bewertung konnten Aktiv- und Passivsumme sowie Impuls- und Dynamik-Index der einzelnen Faktoren ermittelt werden. Die ermittelten Kennzahlen sind in der folgenden Tabelle aufgeführt.

Nr.	Einflussfaktor	Σ Aktiv	Σ Passiv	II	DI
1	Wettbewerb zwischen den Drucker-Herstellern	15	19	0,79	285
2	Urheberrecht	12	4	3	48
3	Digital Rights Management	13	10	1,30	130
4	Materialechtheit	9	8	1,13	72
5	Missbräuchliche Nutzung	15	22	0,68	330
6	Erforschung neuer Technologien	29	13	2,23	377
Nr.	Einflussfaktor	Σ Aktiv	Σ Passiv	II	DI
7	Bedarf nach 3D-Druckern	18	26	0,69	468
8	Produktnutzen für Privathaushalte	24	37	0,65	888
9	Preisleistungsverhältnis	10	26	0,38	260
10	Vermarktung von 3D-Druckern	17	33	0,52	561

Nr.	Einflussfaktor	Σ Aktiv	Σ Passiv	II	DI
11	Entwicklung der Supply Chain	14	26	0,54	364
12	Druckgeschwindigkeit	17	7	2,43	119
13	Genauigkeit	19	10	1,90	190
14	Preis der Drucker	20	30	0,67	600
15	Materialvielfalt/ Eigenschaften	21	13	1,62	273
16	Verfügbarkeit von 3D-Modellen	19	21	0,90	399
17	Verfügbarkeit von 3D-Software	12	11	1,09	132
18	Usability der Technologie	22	9	2,44	198
19	Entwicklung von Standards	21	2	10,5	42

Tabelle 4 Ergebnisse der Vernetzungsmatrix

2.4.3.2 Ergebnisse des System-Grids

Anhand der ermittelten Aktiv- bzw. Passivsummen wurden die Faktoren in folgendes System-Grid überführt.

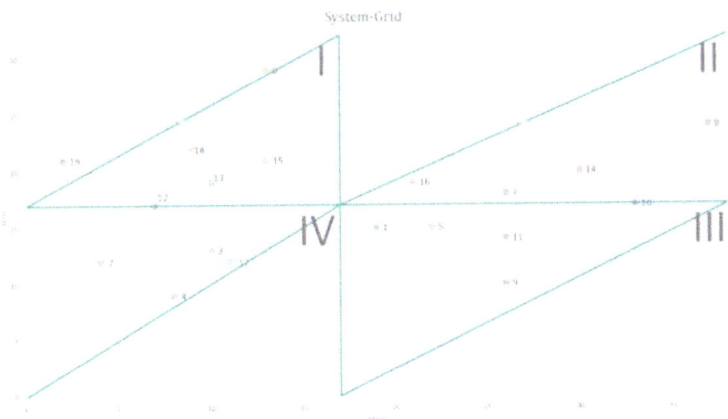

Abbildung 13 System-Grid der Einflussfaktoren

Aus dem gebildeten System-Grid resultiert folgende Einteilung der Einflussfaktoren. Da die Faktoren Nr. 12 sowie Nr. 10 sich jeweils direkt auf der Grenze zwischen zwei Bereichen befinden, musste korrigierend eingegriffen werden. Die Richtung der Korrektur muss dabei für jeden Einzelfall intuitiv entschieden werden. In diesem konkreten Fall wurden beide Faktoren um einen Aktivpunkt nach oben korrigiert, um eine eindeutige Zuordnung zu erhalten. Somit ergibt sich folgende Einteilung:

Feld I = Aktive Elemente	**Feld II = Ambivalente Elemente**
6. Erforschung neuer Technologien 18. Usability der Technologie 19. Entwicklung von Standards 15. Materialvielfalt/-eigenschaften 13. Genauigkeit 12. Druckgeschwindigkeit	8. Produktnutzen für Privathaushalte 14. Preis der Drucker 16. Verfügbarkeit von 3D-Modellen 7. Bedarf nach 3D-Druckern 10. Vermarktung von 3D-Druckern
Feld IV = Puffernde Elemente	**Feld III = Passive Elemente**
3. Digital Rights Management 2. Urheberrecht 17. Verfügbarkeit von 3D-Software 4. Materialechtheit	1. Wettbewerb zwischen den Herstellern 5. Missbräuchliche Nutzung 11. Entwicklung der Supply Chain 9. Preisleistungsverhältnis

Tabelle 5 Einteilung der Einflussfaktoren laut System-Grid

2.4.4 Identifikation von Schlüsselfaktoren

Mithilfe des aufgestellten System-Grids und unter Anwendung der drei Regeln zur Findung von Schlüsselfaktoren (siehe Kapitel 2.3.5) lässt sich die folgende Rangfolge der Faktoren hinsichtlich ihrer Bedeutung für das Untersuchungsfeld festlegen.

Rang	Nr.	Einflussfaktor
1	19	Entwicklung von Standards
2	6	Erforschung neuer Technologien

Rang	Nr.	Einflussfaktor
3	18	Usability der Technologie
4	12	Druckgeschwindigkeit
5	13	Genauigkeit
6	15	Materialvielfalt/ Eigenschaften
7	10	Vermarktung von 3D-Druckern
8	8	Produktnutzen für Privathaushalte
9	14	Preis der Drucker
10	7	Bedarf nach 3D-Druckern
11	16	Verfügbarkeit von 3D-Modellen
12	9	Preisleistungsverhältnis
13	11	Entwicklung der Supply-Chain
14	5	Missbräuchliche Nutzung
15	1	Wettbewerb zwischen den Dru-cker-Herstellern
16	2	Urheberrecht
17	3	Digital Rights Management
18	17	Verfügbarkeit von 3D-Software
19	4	Materialechtheit

Tabelle 6 Rangfolge der Einflussfaktoren

Nachdem die erste Teilfrage bereits mit Hilfe der Stärken-Schwächen- bzw. Chancen-Risiken-Analyse in Kapitel 2.5.2 beantwortet werden konnte, lässt sich der zweite Teil der Forschungsfrage

„Welche Rolle spielen die identifizierten Faktoren für die Etablierung des 3D-Drucks?"

mithilfe des System-Grids und der ermittelten Rangfolge beantworten. Aus den erarbeiteten Ergebnissen wird deutlich, welche Rolle die Einflussfaktoren innerhalb des definierten Untersuchungsfelds einnehmen und welche Bedeutung ihnen zuzuschreiben ist. In der Literatur findet sich keine exakte Angabe darüber, bis zu welchem Rang ein Faktor als Schlüsselfaktor gilt. Es geht mehr darum transparent zu machen, welchen Faktoren beim Bilden der Szenarien besondere Aufmerksamkeit zu widmen ist.

2.4.5 Projektionen

Zu jedem der ermittelten Schlüsselfaktoren wurden zwei mögliche Zukunftsentwicklungen projiziert. Diese sind in Tabelle 7 aufgeführt. Dabei wurden ungeachtet der Eintrittswahrscheinlichkeit eine positive sowie eine negative Projektion erstellt.

Nr.	**Einflussfaktor**	**Nr.**	**Projektionen**
1	Wettbewerb zwischen den Drucker-Herstellern	1	Wettbewerb steigt
		2	Wettbewerb sinkt
2	Urheberrecht	1	Urheberrechtsproblematik wird behoben
		2	Urheberrechtsproblematik bleibt bestehen
3	Digital Rights Management	1	DRM wird weiter ausgebaut, so dass besser reguliert werden kann was gedruckt wird
		2	DRM wird nicht ausgebaut. Jedes Objekt kann kopiert und vervielfältigt werden
4	Materialechtheit	1	Reproduzierte Objekte entsprechen zunehmend den Materialeigenschaften und der Qualität des ursprünglichen Objektes
5	Missbräuchliche Nutzung	1	Die Missbräuchliche Nutzung der Technologie nimmt ab
		2	Die missbräuchliche Nutzung der Technologie nimmt zu

Nr.	Einflussfaktor	Nr.	Projektionen
6	Erforschung neuer Technologien	1	Die Entwicklung neuer Technologien wird vorangetrieben
		2	Die Entwicklung neuer Technologien wird zurückgefahren
7	Bedarf nach 3D-Druckern	1	Der Bedarf nach 3D-Druckern in Privathaushalten steigt immer weiter an
		2	Der Bedarf nach 3D-Druckern in Privathaushalten sinkt
8	Produktnutzen für Privathaushalte	1	Der Produktnutzen steigt ständig an
		2	Der Produktnutzen sinkt konsequent
9	Preisleistungsverhältnis	1	Das Preisleistungs-verhältnis der Geräte steigt an
		2	Das Preisleistungsverhältnis der Geräte sinkt stetig
10	Vermarktung von 3D-Druckern	1	Die Vermarktung der Technologie wird verstärkt
		2	Die Vermarktung der Technologie wird eingestellt
Nr.	Einflussfaktor	Nr.	Projektionen
11	Entwicklung der Supply Chain	1	Die Verfügbarkeit von Zubehör, Ersatzteilen, Rohstoffen wird zunehmend ausgebaut
		2	Es sind keine Ersatzteile, Rohstoffe und Zubehör verfügbar
12	Druckgeschwindigkeit	1	Die Druckgeschwindigkeit der Geräte wird gesteigert
		2	Die Druckgeschwindigkeit der Geräte sinkt

Nr.	Einflussfaktor	Nr.	Projektionen
13	Genauigkeit	1	Die Auflösung der produzierbaren Objekte steigt an
		2	Die Auflösung der produzierbaren Objekte sinkt
14	Preis der Drucker	1	Der Preis der Drucker sinkt
		2	Der Preis der Drucker steigt
15	Materialvielfalt / Eigenschaften	1	Die Materialvielfalt steigt an
		2	Die Materialvielfalt sinkt
16	Verfügbarkeit von 3D-Modellen	1	Die Verfügbarkeit fertiger 3D-Modelle nimmt zu
		2	Die Verfügbarkeit fertiger 3D-Modelle nimmt ab
17	Verfügbarkeit von 3D-Software	1	Die Verfügbarkeit von 3D-Software nimmt zu
		2	Die Verfügbarkeit von 3D-Software nimmt ab
18	Usability der Technologie	1	Die Usability der Technologie wird verbessert
		2	Die Usability der Technologie nimmt ab
19	Entwicklung von Standards	1	Es werden Standards entwickelt
		2	Es werden keine Standards entwickelt

Tabelle 7 Gebildete Zukunftsprojektionen jedes Einflussfaktors

2.4.6 Konsistenzanalyse

Um, wie in Kapitel 2.3.7 bereits erläutert, widerspruchsfreie Szenarien bilden zu können, wird als nächstes eine Konsistenzanalyse durchgeführt. Dazu werden die gebildeten Projektionen aus Tabelle 7 jeweils paarweise betrachtet und auf Widersprüchlichkeit geprüft. Da es sich hierbei um 19 Einflussfaktoren mit jeweils zwei Projektionen handelt, gibt es theoretisch

2^{19} = 524.288 mögliche Kombinationen. Aufgrund der Menge an Möglichkeiten wird das Tool „Szeno-Plan“ genutzt, um die Auswertung automatisiert durchführen zu können. Dazu wurden alle Faktoren sowie Projektionen in das Tool eingepflegt. Anschließend wurde die Konsistenz der einzelnen Projektionspaare innerhalb einer Konsistenzmatrix bewertet. Das Tool hat im Anschluss daran alle möglichen Kombinationen verglichen und das jeweilige Konsistenzmaß errechnet. Da nicht alle möglichen Kombinationen von Bedeutung sind, wurden zu Beginn der Auswertung einige eingrenzende Parameter gesetzt. Auf diese Weise konnte auch die benötigte Rechenzeit verkürzt werden. Als Ergebnis wurde eine Liste der Kombinationen, absteigend nach Konsistenzmaß, geliefert. Im Folgenden ist der Verlauf des Konsistenzmaßes der ersten 200 Kombinationen innerhalb eines Diagramms dargestellt.

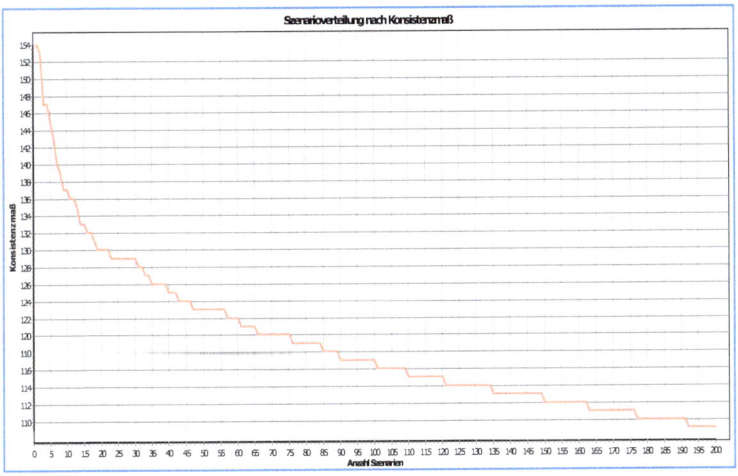

Abbildung 14 Diagramm der 200 konsistentesten Szenarien

Aus dem Diagramm lässt sich ablesen, dass lediglich der geringste Teil aller möglichen Kombinationen konsistente Szenarien hervorbringt. Innerhalb der ersten 20 Szenarien sinkt das Konsistenzmaß von maximal 154 um 24 Punkte auf 130. Von da an ist jedoch zu beobachten, dass die Kurve des Konsistenzmaßes abflacht. Über die restlichen 180 Szenarien sinkt das Konsistenzmaß lediglich um 21 Punkte von 130 auf minimal 109

Punkte. Daraus folgt: Je geringer das Konsistenzmaß, desto mehr mögliche Szenarien sind vorhanden.

2.4.7 Bildung von Rohszenarien

In den vorangegangenen Kapiteln wurden Faktoren identifiziert, die Einfluss auf ein zuvor definiertes Untersuchungsfeld nehmen. Im Anschluss wurde deren Bedeutung innerhalb des Untersuchungsfelds analysiert. Daraufhin wurden zu jedem Einflussfaktor zwei unterschiedliche Zukunftsentwicklungen projiziert. In dem vorangegangenen Schritt wurde aus diesen Projektionen nun mithilfe einer Konsistenzanalyse das Konsistenzmaß jeder möglichen Kombination errechnet (siehe externe Datei: „Szenarien.xlsx"). Mithilfe der ermittelten Konsistenzmaße und den zuvor in Kapitel 2.3.7.2 erläuterten Ansprüchen konnten aus der Masse der Kombinationen zwei konsistente Rohszenarien ermittelt werden. Diese sind in der folgenden Tabelle aufgeführt.

Rang	**Nr.**	**Rohszenario A**	**Nr.**	**Rohszenario B**
/	/	Konsistenzmaß = 116	/	Konsistenzmaß = 154
1	19.2	Es werden keine Standards entwickelt	19.1	Es werden Standards entwickelt
2	6.2	Die Entwicklung neuer Technologien wird zurückgefahren	6.1	Es werden weitere, verbesserte Technologien entwickelt
3	18.2	Usability nimmt ab	18.1	Usability wird gesteigert
4	12.2	Geschwindigkeit nimmt ab	12.1	Geschwindigkeit wird gesteigert
5	13.2	Auflösung der Objekte nimmt ab	13.1	Auflösung der Objekte nimmt zu
6	15.2	Vielfalt verfügbarer Materialien nimmt ab	15.1	Vielfalt verfügbarer Materialien steigt
7	10.2	Die Vermarktung wird eingestellt	10.1	Die Vermarktung wird verstärkt

Rang	Nr.	Rohszenario A	Nr.	Rohszenario B
8	8.2	Der Produktnutzen sinkt	8.1	Der Produktnutzen nimmt zu
9	14.1	Preis sinkt	14.1	Preis sinkt
10	7.2	Bedarf privater Haushalte sinkt	7.1	Bedarf privater Haushalte steigt
11	16.2	Verfügbarkeit fertiger Modelle nimmt ab	16.1	Verfügbarkeit fertiger Modelle nimmt zu
12	9.2	Preisleistungsverhältnis sinkt	9.1	Preisleistungsverhältnis steigt
13	11.2	Supply-Chain wird abgebaut	11.1	Supply-Chain wird ausgebaut
14	5.2	Missbräuchliche Nutzung nimmt zu	5.1	Missbräuchliche Nutzung wird eingedämmt
15	1.2	Wettbewerb sinkt	1.1	Wettbewerb steigt
16	2.2	Urheberrechtsproblematik bleibt bestehen	2.1	Urheberrechtsproblematik wird behoben
17	3.2	DRM findet keine Anwendung	3.1	DRM wird ausgebaut
18	17.2	Verfügbarkeit von Software nimmt ab	17.1	Verfügbarkeit von Software nimmt zu
19	4.2	Materialechtheitsproblematik verschlimmert sich	4.1	Materialechtheitsproblematik wird gelöst

Legende: Nr = „Nr des Einflussfaktors“. „Nr. der zugehörigen Projektion“

Tabelle 8 Konsistente Rohszenarien

2.4.8 Ausarbeitung der Szenarien

Nachdem zu Beginn der Szenario-Analyse das Untersuchungsfeld eingegrenzt wurde, konnten mit Hilfe der SWOT-Analyse Faktoren ermittelt werden, die Einfluss auf dessen Entwicklung nehmen. In einem weiteren Schritt wurden die Interdependenzen der ermittelten Faktoren durch Anwendung einer Einflussanalyse identifiziert und deren Bedeutung für das Umfeld mittels System-Grid herausgearbeitet. Aus den Ergebnissen dieses Schrittes konnten dann Schlüsselfaktoren identifiziert werden, wodurch sich eine klare Rangfolge der Faktoren ergeben hat. Anschließend wurden mögliche Zukunftsentwicklungen der Faktoren in Form von Projektionen aufgestellt. Diese wurden mithilfe einer Konsistenzanalyse so kombiniert, dass im vorangegangenen Schritt widerspruchsfreie Rohszenarien gebildet werden konnten. Die gebildeten Rohszenarien werden in diesem Schritt unter Berücksichtigung ihrer Bedeutung und Rangfolge für das Untersuchungsumfeld zu konkreten Szenarien ausformuliert. Der berücksichtigte Zeithorizont innerhalb der Szenarien ist dabei auf zehn Jahre festgelegt. Szenario A wird eine negative Entwicklung beschreiben, wobei Szenario B hingegen eine positive Entwicklung beschreibt. Zu beachten ist, dass die Eintrittswahrscheinlichkeiten der beiden Szenarien nicht Gegenstand der Untersuchung sind. Sie bilden lediglich mögliche in sich konsistente Zukunftsentwicklungen ab, in denen die ermittelte Bedeutung der Faktoren sowie deren Rolle im Untersuchungsfeld dargestellt werden.

2.4.8.1 Szenario A

Bis zum Jahr 2027 hat sich die Technik des 3D-Drucks im Consumer-Bereich nicht maßgeblich weiterentwickelt. Die Entwicklung konzentriert sich weiterhin eher auf den industriellen Einsatz der Technologie. Für Privatanwender gibt es zahlreiche proprietäre Lösungen, die der industriellen Entwicklung jedoch stark hinterher hängen. Aufgrund fehlender Standards und vieler verschiedener Techniken ist die Qualität erzeugter Objekte großen Schwankungen ausgesetzt.

Aufgrund der stagnierenden Entwicklung und dem dadurch sinkenden Bedarf nach 3D-Druckern bleibt die Vermarktung größtenteils aus. Lediglich kleinere Hersteller bieten Drucker oder Bausätze weiterhin für eine kleine Zielgruppe an.

Durch das Fehlen einer einheitlichen technologischen Entwicklung sind Drucker, Software, Material, und Datenformat nicht zwingend zueinander kompatibel. Vor dem Kauf eines Druckers müssen Vor- und Nachteile des jeweiligen Gerätes genau untersucht werden, um ein für die jeweiligen Ansprüche passendes Gerät zu finden. Auf die Usability der gesamten Technologie wirkt sich dies negativ aus. Drucker und Bausätze können nur von technisch versierten Privatanwendern zusammengesetzt und bedient werden.

Aufgrund geringer Nachfrage und schwindender Vermarktung sind viele Rohstoffe für Privatpersonen nur schwer oder gar nicht zu beziehen. Somit können Objekte mit speziellen Materialeigenschaften nicht hergestellt werden. Andere Objekte können aufgrund von qualitativ minderwertigen Rohstoffen hinsichtlich des Schmelzpunkts und der Erstarrungszeit nur mit verlangsamter Geschwindigkeit des Druckers produziert werden, um befriedigende Ergebnisse zu erhalten.

Aufgrund der gesamten Entwicklung sinkt der Produktnutzen für Privatanwender zunehmend. Die Onlineportale, auf denen 3D-Modelle getauscht und gehandelt wurden, werden ständig weniger frequentiert. Einige Portale gehen sogar offline, weshalb die Zahl der verfügbaren 3D-Modelle abnimmt.

Da die bestehende Infrastruktur um den 3D-Druck immer weiter zurückgefahren wird, wird die Technik für Privatanwender zunehmend unattraktiver. Somit ist die Technologie auch für den Einzelhandel uninteressant, woraufhin der Wettbewerb, das Angebot und die Preise sinken.

Es wird kein Digital Rights Management zum geregelten Umgang mit 3D-Modellen umgesetzt. Aus diesem Grund steigt die missbräuchliche Nutzung an. Urheberrechtsgeschützte Objekte können problemlos kopiert werden. Auch gefährliche Gegenstände, wie zum Beispiel Waffen, können problemlos hergestellt werden. Außerdem ist die Verwendung solcher Gegenstände aufgrund der unsicheren Materialeigenschaften gefährlich.

Software zum Modellieren von 3D-Modellen wird für den privaten Bereich ebenfalls nicht maßgeblich weiterentwickelt, weshalb dessen Usability durch fehlende intuitive Bedienmöglichkeiten ebenfalls gering ist. Die Entwicklung einiger Softwaretools wird eingestellt, so dass die Auswahl verfügbarer Tools ebenfalls sinkt.

Zusammenfassend ist zu sagen, dass die einst hohen Erwartungen an das Potenzial generativer Fertigungsverfahren nicht erfüllt werden können. 3D-Drucker bleiben ein Nischenprodukt für Tüftler und Bastler, dessen Ruf durch ein erhöhtes Maß an Missbrauch zusätzlich in Verruf gerät. Die Technik konnte sich auf dem Massenmarkt nicht etablieren.

2.4.8.2 Szenario B

Die Technik des 3D-Drucks hat sich bis zum Jahr 2027 enorm weiterentwickelt. Der Markt wird, ähnlich wie bei Smartphones, von wenigen großen Herstellern dominiert. Durch die geringe Anzahl von etablierten Herstellern haben sich wenige ausgereifte de facto Standards durchgesetzt. Dazu gehört die Entwicklung und Verständigung auf eine Technologie, die die Vorteile der einzelnen Technologien vereint. Sie ermöglicht die Konstruktion von exakten Strukturen mit einer Toleranz von maximal 1µm auf allen drei Achsen. Die benötigte Zeit zum Erzeugen eines Objekts liegt dabei unabhängig von dessen Ausmaßen bei nur wenigen Sekunden.

Eine vielversprechende Entwicklung zur Umsetzung dieses letzten Szenarioaspekts wurde kurz nach der Analyse zu dieser Arbeit veröffentlicht. Ein Team von Forschern des Lawrence Livermore National Laboratory haben eine Technik namens „Volumetric 3D printing" oder Holographie-basierter 3D-Druck entwickelt, mit der entsprechende Geschwindigkeiten erreicht werden.] (vgl. [Tho17])

Aus der Weiterentwicklung des Multi Jet Modeling können die Geräte nicht nur verschiedenartige Kunststoffe, sondern gänzlich verschiedene Arten von Rohstoffen gleichzeitig verarbeiten. Die Entstehung giftiger Substanzen während der Verarbeitung wurde durch Weiterentwicklung der Rohstoffe und Filtrationseinheiten innerhalb der Drucker ebenfalls unterbunden.

Aufgrund der erhöhten Auflösung, Geschwindigkeit und der Verwendbarkeit mehrerer Rohstoffe, wurde das STL-Format zum Speichern von 3D-Modellen abgelöst und ein neues, einheitliches Datenformat entwickelt, das die nötigen zusätzlichen Informationen speichern kann und das Annäherungsproblem des STL-Formates umgeht.

Die Usability von Hardware und Software ist trotz gestiegener Komplexität verbessert worden. Die Drucker besitzen durch den Einsatz verschiedener Sensoren ein Auto-Leveling-System, welches die einzelnen Komponenten des Druckers automatisch exakt auf das jeweils zu druckende Objekt einstellt. Der Benutzer benötigt kein technisches Knowhow mehr, um Druckbett, Düsen, Temperatur, Materialvorschub, etc. vor jedem Druck manuell einzustellen. Die nötigen Konfigurationsinformationen werden ebenfalls innerhalb des 3D-Modells gespeichert. So wird sichergestellt, dass eine gleichbleibende Qualität des Objekts unabhängig vom jeweiligen Drucker gewährleistet ist.

In Bezug auf die Software wird die Usability verbessert, indem eine Art App-Store für 3D-Modelle geschaffen wird. Benutzer können über eine einfache Suche jedes Objekt finden. Gefüllt wird der Modell-Store von Privatleuten sowie Unternehmen, die zusätzlich zu ihren Produkten auch Lizenzen zum eigenen Druck anbieten. Da dem Hersteller die Produktionskosten entfallen, kann er die Druck-Lizenzen günstiger anbieten als das fertige Produkt.

Einfache Beispiele, mit denen dieses Prozedere theoretisch bereits heute umsetzbar wäre, wären die Aufbewahrungsdosen von Tupperware, Dübel von Fischer oder Lego. Gäbe es bereits ein entsprechendes Digital Rights Management, könnten die Hersteller Druck-Lizenzen ihrer Produkte vertreiben. Eine Lizenz würde das Produkt sowie die Anzahl gekaufter Stücke enthalten und direkt an den Drucker übertragen werden. Dieser könnte sich die nötigen Druckinformationen direkt vom Hersteller herunterladen und die gewünschten Objekte herstellen.]

Auf den Modell-Store kann je nach Bedarf direkt über ein User Interface am Drucker oder über andere Geräte zugegriffen werden. Aufgrund dieses zentralen Stores steigt die Zahl verfügbarer Modelle enorm an. Möchte man trotzdem eigene Objekte modellieren, kann dies über einfach gehaltene CAD-Software umgesetzt werden.

Aufgrund des gesteigerten Produktnutzens ist der Bedarf nach 3D-Druckern in Privathaushalten angestiegen. Die Verbreitung von 3% im Jahr 2017 ist auf über 80% im Jahr 2027 angestiegen. Die Zahl der Verbreitung bis zum Jahr 2027 ist dabei an die der Verbreitung von Smartphones in ähnlichem zeitlichen Horizont angelehnt. (vgl. [Bit17])

Ebenfalls durch den erhöhten Nutzen sowie die stärkere Nachfrage hat sich die Vermarktung der Technik verändert. 3D-Drucker haben sich ähnlich stark wie andere Haushaltsgeräte im Technik-Einzelhandel etabliert. Die gesamte Supply Chain hat sich zu einer soliden Struktur entwickelt. Rohstoffe können ohne Probleme und Wartezeiten erworben und herstellerübergreifend in jedem Drucker verwendet werden.

Die Vereinheitlichung der Rohstoffe trägt ebenfalls zur Objektqualität bei. Die Preise der Drucker sind durch die Etablierung der Technik gefallen.

Ein Mittelklassegerät kostet nicht mehr als 250€. Ersatzteile und Zubehör können ebenfalls problemlos erworben werden. Defekte Teile können jedoch auch von anderen 3D-Druckern selbst hergestellt werden. Dies geschieht ebenfalls über den Modell-Store und nach dem beschriebenen Druck-Lizenz-Prinzip.

Die Probleme der Materialechtheit konnten durch das neu entwickelte Dateiformat gelöst werden. Darin wird die notwendige Rohstoffart zur Erzeugung eines Objektes direkt gespeichert. Beim Einlesen einer 3D-Modell-Datei überprüft der Drucker selbstständig die Anforderung mit dem vorhandenen Rohstoff und entscheidet anschließend über die Freigabe des Drucks.

Die missbräuchliche Nutzung der Drucker konnte ebenfalls gelöst werden. Anhand einer Vergleichssoftware, ähnlich der OCR Erkennung, erkennt der Drucker urheberrechtsgeschützte oder gefährliche Modelle, wie zum Beispiel Waffen und verhindert den Druck automatisch.

Zusammenfassend ist zu sagen, dass der 3D-Druck die Hürden hinsichtlich fehlender Standards, schwankender Materialeigenschaften, missbräuchlicher Nutzung und mangelnder Usability durch seine Entwicklung überwinden konnte. Zusätzlich sorgen Fortschritte hinsichtlich Geschwindigkeit, Genauigkeit sowie Produktnutzen für die Etablierung generativer Fertigungsverfahren auf dem Massenmarkt.

2.5 Auswertung der Ergebnisse

In diesem Teil werden die Ergebnisse der vorangegangenen Szenario-Analyse diskutiert. Außerdem wird eine Handlungsempfehlung ausgesprochen.

2.5.1 Diskussion der Ergebnisse

Zur Beantwortung der Forschungsfrage wurde im vorangegangenen Kapitel eine Szenario-Analyse durchgeführt. Die Ergebnisse der Analyse haben gezeigt, dass die Etablierung generativer Fertigungsverfahren von vielen verschiedenen Faktoren beeinflusst wird. Dabei konnten keine allein verantwortlichen Faktoren für oder gegen eine Etablierung ausgemacht werden. Es wurde hingegen erkannt, dass immer das Zusammenspiel mehrerer Faktoren für die Entwicklung des Umfelds verantwortlich ist. Trotz dieses Sachverhalts konnten den verschiedenen Faktoren unterschiedliche Bedeutungen für das Untersuchungsfeld zugesprochen werden, die in diesem Kapitel näher diskutiert werden sollen. Bezugnehmend auf die erste Teilfrage

„Welche Faktoren haben Einfluss auf die Etablierung des 3D-Drucks?"

ist zu sagen, dass durch die Durchführung der SWOT-Analyse eine Reihe von Faktoren gefunden werden konnte, die Einfluss auf die Entwicklung des Untersuchungsfelds nehmen. Die identifizierten Faktoren sind in Kapitel 2.5.2 aufgeführt und werden an dieser Stelle nicht wiederholt.

Obwohl festzustellen war, dass immer das Zusammenspiel mehrerer Faktoren für die Entwicklung verantwortlich ist, konnten durch die Analyse der identifizierten Faktoren Unterschiede in der Vernetzung, Beeinflussung sowie der Beeinflussbarkeit der Faktoren ausgemacht werden. Durch die ermittelten Kennzahlen konnte einigen Faktoren eine größere Bedeutung für die Entwicklung des Untersuchungsfelds zugesprochen werden als anderen. Dies führt zur Antwort auf die zweite Teilfrage dieses Beitrags:

„Welche Rolle spielen die identifizierten Faktoren für die Etablierung des 3D-Drucks?"

Diese Frage konnte mithilfe der gewonnenen Erkenntnisse aus der Einflussanalyse, dem System-Grid sowie der Identifikation von Schlüsselfaktoren gefunden werden und ist in den folgenden Tabellen zusammengefasst.

Aus der Einflussanalyse konnte der Impuls-Index jedes Faktors berechnet werden. Er beschreibt das Verhältnis von Aktiv- und Passivsumme und gibt Aufschluss darüber, wie hoch die Eigenkraft, also der Einfluss eines Faktors ist. Ein Index >= 1 beschreibt dabei einen proaktiven, ein Index < 1 beschreibt einen reaktiven Faktor. In der folgenden Tabelle sind daher alle proaktiven Faktoren zusammengefasst.

Nr.	**Rang**	**Faktor**	**Σ Aktiv**	**Σ Passiv**	**Impuls-Index**
19	1	Entwicklung von Standards	21	2	10,50
2	16	Urheberrecht	12	4	3
18	3	Usability der Technologie	22	9	2,44
12	4	Druckgeschwindigkeit	17	7	2,43
6	2	Erforschung neuer Technologien	29	13	2,23
13	5	Genauigkeit	19	10	1,90
15	6	Materialvielfalt/ Eigenschaften	21	13	1,62
3	17	Digital Rights Management	13	10	1,30
4	19	Materialechtheit	9	8	1,13
17	18	Verfügbarkeit von 3D-Software	12	11	1,09

Tabelle 9 Aufstellung proaktiver Einflussfaktoren

In Tabelle 9 sind einige der aufgeführten Einflussfaktoren rot gekennzeichnet. Diese Faktoren weisen zwar einen hohen Impuls-Index auf, sind im Gesamtkontext jedoch trotzdem relativ passiv. Das liegt an ihrer unterdurchschnittlichen Aktiv- bzw. Passivsumme. Innerhalb des System-

Grids sind sie aus diesem Grund im Quadranten der puffernden Faktoren zu finden. Dies lässt sich auch an ihrem ermittelten Rang erkennen. Alle anderen proaktiven Faktoren sind von höchster Bedeutung für das Untersuchungsfeld. Sie lenken die Entwicklung durch ihre Eigenkraft und die Beeinflussung anderer Faktoren. Dies lässt sich auch anhand ihrer Zuordnung zu dem Quadranten der aktiven Faktoren innerhalb des System-Grids erkennen. Passend zu ihrer Bedeutung besetzen diese Faktoren außerdem die oberen Ränge.

Durch die Einflussanalyse konnte außerdem der Dynamik-Index jedes Faktors ermittelt werden. Er beschreibt die Vernetzung eines Faktors innerhalb des Untersuchungsfelds. Folgende Faktoren wiesen dabei einen überdurchschnittlich hohen Dynamik-Index auf.

Der in Tabelle 10 grün markierte Einflussfaktor konnte dabei als der einzige identifiziert werden, der sowohl einen überdurchschnittlichen Impuls- als auch Dynamik-Index aufweist. Damit hat er eine hohe beeinflussende Wirkung und verfügt außerdem über eine gute Vernetzung zu anderen Faktoren. Diese Eigenschaft macht ihn zu einem sehr wichtigen Teil des Systems. Diese Erkenntnis stimmt mit dem ermittelten Rang des Faktors ebenfalls überein. Alle anderen aufgeführten Faktoren weisen ebenfalls eine überdurchschnittlich hohe Aktiv- jedoch auch eine ebenso überdurchschnittliche Passivsumme auf. Sie konnten daher als Faktoren erkannt werden, die sowohl eine beeinflussende Wirkung als auch eine starke Beeinflussung durch andere Faktoren aufweisen. Im System-Grid sind sie daher dem Quadranten der ambivalenten bzw. passiven Faktoren zugeordnet.

Nr.	Rang	Faktor	Σ Aktiv	Σ Passiv	Dynamik-Index
8	8	Produktnutzen für Privathaushalte	24	37	888
14	9	Preis der Drucker	20	30	600
10	7	Vermarktung von 3D-Druckern	17	33	561
7	10	Bedarf nach 3D-Druckern	18	26	468

Nr.	Rang	Faktor	Σ Aktiv	Σ Passiv	Dynamik-Index
16	11	Verfügbarkeit von 3D-Modellen	19	21	399
6	2	Erforschung neuer Technologien	29	13	377
11	13	Entwicklung der Supply Chain	14	26	364
5	14	Missbräuchliche Nutzung	15	22	330

Tabelle 10 Faktoren mit überdurchschnittlichem Dynamik-Index

Die zwei verbleibenden Faktoren sind in Tabelle 11 aufgeführt und weisen weder eine überdurchschnittliche Vernetzung noch ein proaktives Verhalten auf. Anders als die puffernden Faktoren weisen sie jedoch eine überdurchschnittliche Passivsumme auf, weshalb sie ebenfalls dem Quadranten der passiven Faktoren zugeordnet wurden. Daran ließ sich erkennen, dass sie im Gesamtkontext keine führende Rolle spielen, sondern vielmehr von anderen Faktoren beeinflusst werden.

Nr.	Rang	Faktor	Σ Aktiv	Σ Passiv	DI	II
1	15	Wettbewerb zwischen den Drucker-Herstellern	15	19	285	0,79
9	12	Preisleistungsverhältnis	10	26	260	0,38

Tabelle 11 Faktoren mit unterdurchschnittlichem Impuls- sowie Dynamik-Index

Um mit Hilfe der gewonnenen Erkenntnisse schlussendlich die eigentliche Forschungsfrage

„Welche Voraussetzungen müssen geschaffen werden, um die Technik des 3D-Drucks in Privathaushalten zu etablieren?"

beantworten zu können, wurden mögliche Entwicklungen eines jeden Faktors in die Zukunft projiziert. Diese Projektionen wurden anschließend unter Anwendung einer Konsistenzanalyse zu widerspruchsfreien Projektionsbündeln zusammengefasst, woraus wiederum mögliche Zukunftsszenarien entwickelt werden konnten. Die gebildeten Szenarien enthielten jeweils eine positive sowie eine negative Entwicklung. Aus ihnen war klar herauszulesen, welche Voraussetzungen zu einer Etablierung des 3D-Drucks beitragen und welche das Gegenteil bewirken.

Eine der wichtigsten Voraussetzungen ist demnach die Erforschung neuer Technologien. Wie bereits durch den Impuls- sowie Dynamik-Index beschrieben, hat dieser Faktor eine große treibende Kraft und gleichzeitig eine hohe Vernetzung innerhalb des Untersuchungsfelds. Aufgrund dieser Kombination hat er großen Einfluss auf fast alle anderen Faktoren. Weiterhin lässt sich aus den Szenarien ablesen, dass die Verbesserung der Druckgeschwindigkeit sowie der Auflösung der 3D-Drucker ebenfalls wichtige Voraussetzungen zur Etablierung sind. Zusammen mit einer Verbesserung der Materialvielfalt haben sie eine starke Wirkung auf den Produktnutzen für Privatanwender. Daraus ist zu schlussfolgern, dass die Erhöhung des Produktnutzens ebenfalls eine wichtige Voraussetzung zur Etablierung generativer Fertigung in Privathaushalten darstellt. Dies lässt sich in Szenario B nachvollziehen. Außerdem konnte ermittelt werden, dass die Fülle von Technologien, Verfahren und Datenformaten einen negativen Einfluss auf die Etablierung hat. Daraus ergibt sich die Entwicklung von Standards als weitere wichtige Voraussetzung zur Etablierung von 3D-Druckern. Zusätzlich hat sich die Benutzerfreundlichkeit im Bereich der Privatanwender als problematisch herausgestellt. Um sich innerhalb dieses Umfeldes durchzusetzen, ist die Verbesserung der Usability ebenfalls als Voraussetzung zu sehen.

Andere Faktoren, wie die Vermarktung von 3D-Druckern sowie der Preis der Geräte konnten hingegen nicht als absolut notwendige Voraussetzungen ausgemacht werden. Sie nehmen zwar Einfluss auf die Verbreitung der Technologie, ergeben sich jedoch durch die Entwicklung der zuvor erläuterten Voraussetzungen. So steigt die Vermarktung beispielsweise automatisch durch einen erhöhten Produktnutzen. Ähnlich verhält es sich mit dem Bedarf privater Haushalte nach 3D-Druckern oder der Verfügbarkeit von 3D-Modellen, weshalb auch diese Faktoren nicht als Voraussetzungen einzustufen sind.

Unerwartete Ergebnisse liegen jedoch bei Faktoren wie dem Digital Rights Management und der Materialechtheit vor. Die Analyse hat ergeben, dass sie einen weitaus geringeren Einfluss auf die Etablierung ausüben als vorher angenommen. Die Entwicklung eines ausgeprägten DRM sowie einer Regelung zu Materialechtheit von gedruckten Objekten haben sich weder als Voraussetzungen noch als beeinflusste Faktoren herausgestellt. Sie spielen zwar eine Rolle für die Etablierung, sind jedoch von anderen Faktoren weitgehend unabhängig. Diese Eigenschaft lässt sich auch an ihrem geringen Dynamik-Index erkennen. Faktoren wie die Entwicklung des Urheberrechtsproblems sowie die Verfügbarkeit von 3D-Software gehören ebenfalls dazu. Die Entwicklung dieser Faktoren ist zwar wichtig für das Gesamtsystem, konnte jedoch nicht als Voraussetzung ermittelt werden.

Zusammenfassend ist noch einmal zu sagen, dass für die Etablierung des 3D-Drucks auf dem Massenmarkt keine allein verantwortlichen Faktoren ermittelt werden konnten. Die Entwicklung des untersuchten Feldes hängt vielmehr von einer Vielzahl von Faktoren und deren Entwicklung ab. Durch die Analyse im Rahmen dieses Beitrags konnten dennoch die zuvor beschriebenen Voraussetzungen ermittelt werden. In Tabelle 12 sind diese noch einmal aufgeführt.

Voraussetzungen zur Etablierung generativer Fertigungsverfahren auf dem Massenmarkt.
Erforschung neuer Technologien
Erhöhung der Druckgeschwindigkeit
Erhöhung der Auflösung der 3D-Drucker
Verbesserung der Materialvielfalt
Verbesserung des Produktnutzens
Entwicklung von Standards
Verbesserung der Usability

Tabelle 12 Aufstellung von Voraussetzungen

Diese Aufstellung erhebt dabei keinen Anspruch auf Vollständigkeit, sondern bezieht sich nur auf die identifizierten Einflussfaktoren. Eine erneute Durchführung der Analyse aus einem anderen Blickwinkel könnte eventuell weitere Voraussetzungen zutage fördern.

2.5.2 Handlungsempfehlung

Anhand der ermittelten Ergebnisse konnten einige Voraussetzungen zur Etablierung generativer Fertigungsverfahren in Privathaushalten ermittelt werden. Sollte es Institutionen oder Unternehmen geben, die ein Interesse daran haben, dass diese Voraussetzungen auch tatsächlich geschaffen werden, sollten sie ebenfalls die Techniken der Szenario-Analyse nutzen. Wie in Kapitel 2.3.1 bereits erläutert, kann sie genutzt werden, um die Entwicklung eines Untersuchungsfelds zu überblicken und zu verfolgen. Im vorliegenden Fall bedeutet dies, die aufgestellten Szenarien mit der tatsächlichen Entwicklung ständig zu vergleichen. Sollten Störereignisse eintreten, die sich negativ auf die Etablierung des 3D-Drucks auswirken, können sie auf diese Weise frühzeitig erkannt und Gegenmaßnahmen eingeleitet werden.

2.6 Fazit und Ausblick

Im folgenden Kapitel wird der vorliegende Beitrag hinsichtlich der Zielerreichung sowie der ausgewählten Methoden kritisch reflektiert. Anschließend folgt ein Ausblick, in dem auf die weitere Entwicklung sowie mögliche Folgefragen eingegangen wird.

2.6.1 Zielerreichung

Die Zielsetzung des Beitrags bestand in der Identifikation von Voraussetzungen, die nötig sind, um die Technik generativer Fertigungsverfahren auf dem Massenmarkt zu etablieren. Dieses Ziel konnte mithilfe einer Szenario-Analyse größtenteils beantwortet werden. Durch die Ermittlung verschiedener Kennzahlen und das Bilden von Szenarien konnte eine Reihe von Voraussetzungen ermittelt werden. Wie zuvor jedoch bereits beschrieben, kann dieses Ergebnis durch die Durchführung einer erneuten Szenario-Analyse aus einem anderen Blickwinkel evtl. um weitere Voraussetzungen ergänzt werden.

2.6.2 Kritische Reflexion

In diesem Kapitel wird das methodische Vorgehen innerhalb des Beitrags betrachtet. Die angewandten Methoden werden bewertet und das gesamte Vorgehen reflektiert. Zu der gewählten Methode ist dabei zu sagen, dass sie sich als sehr umfangreich und aufwendig herausgestellt hat. Durch die vielen verschiedenen Ansätze, aus denen sich die Szenario-Analyse bedient, gibt es viele Möglichkeiten zur Durchführung der Analyse. Somit musste vor Beginn der Durchführung zuerst ermittelt werden, welche methodischen Ansätze sich für welchen Teil der Analyse eignen. Zur Ermittlung der Einflussfaktoren wurde beispielsweise ein Teil der SWOT-Analyse angewandt. Dieses Vorgehen wurde in der Literatur empfohlen und hat sich auch hier bewährt. Eine ausführlichere Analyse in diesem Teil des Beitrags hätte evtl. detailliertere Ergebnisse liefern können.

Auf die Identifikation der Einflussfaktoren folgte die Einflussanalyse. Diese hat sich in Verbindung mit der Einflussmatrix sowie dem System-Grid als zentraler Teil des Beitrags entwickelt. Dabei ist zu sagen, dass zur Vergabe der Gewichtungen innerhalb der Einflussmatrix ein relativ subjektives Vorgehen vorgesehen war. Dieses hätte durch Anwendung einer

Gruppendiskussion oder Ähnlichem besser verifiziert werden können. Die Identifikation von Schlüsselfaktoren war hingegen klar geregelt. Das Aufstellen der Rangliste erfolgte nach den in der Literatur formulierten Regeln und ließ dabei keine Unsicherheiten zu.

Die Bildung von Projektionen war in der Literatur ebenfalls gut erläutert und konnte ohne große Probleme durchgeführt werden.

Die darauffolgende Konsistenzanalyse zur Identifikation von widerspruchsfreien Projektionsbündeln war hingegen sehr aufwendig. Aufgrund der extrem großen Anzahl möglicher Kombinationen wurden in der Literatur lediglich zwei Möglichkeiten zur Durchführung beschrieben. Die erste beschriebene Möglichkeit sah ein intuitives Aufstellen von konsistenten Szenarien vor, was jedoch zur Anwendung in diesem Beitrag nicht optimal schien. Die zweite Möglichkeit sah das Aufstellen einer Konsistenzmatrix und die konsequente Berechnung jeder einzelnen Kombination mithilfe einer Software vor. Diese Methode war zwar aufwendiger, jedoch konnte so ein deutlich besseres Ergebnis erzielt werden. Lediglich der paarweise Vergleich jeder Projektion innerhalb der Konsistenzmatrix geschah größtenteils subjektiv. Die Formulierung von Szenarien aus den als konsistent bewerteten Projektionsbündeln orientierte sich hingegen stark an den zuvor ermittelten Kennzahlen und Bewertungen der Einflussfaktoren. Dabei war in der Literatur lediglich die Konsistenz der gebildeten Szenarien von Bedeutung. Die Ermittlung von Eintrittswahrscheinlichkeiten wird zur Bewertung der Szenarien jedoch als sinnvoll erachtet.

Zusammenfassend ist zu sagen, dass sich die gewählte Methode trotz ihres Umfangs gut zur Beantwortung der gegebenen Fragestellung anwenden ließ. Weitere Bereiche könnten in Zukunft noch ausführlicher behandelt und vertieft dargestellt werden. Durch die Kombination mehrerer Analysen konnten die Ergebnisse stets miteinander verglichen werden und so die Konsistenz des gesamten Vorgehens sichern.

2.6.3 Ausblick

Die Technik des 3D-Drucks ist auch mehr als 30 Jahre nach ihrer Entwicklung noch faszinierend. Die Möglichkeit, reale Objekte aus einem formlosen Rohstoff herzustellen, hat eine völlig neue Art der Produktion geschaffen. Nachdem sich die Technik in der Industrie bereits seit langer Zeit etablieren konnte, wird sie auch für Privatanwender zunehmend interessanter. Durch die Entwicklung schneller, hochauflösender und gleichzeitig kompakter Geräte steigt die Palette potenzieller Einsatzgebiete kontinuierlich an. Trotz dieser Entwicklung bleibt der Durchbruch auf dem Massenmarkt bisher aus. Die in diesem Beitrag identifizierten Voraussetzungen zur Etablierung geben einen Ausblick darauf, was noch geschehen muss, damit die Technik auch in Privathaushalten ankommt. Ob in einigen Jahren tatsächlich in jedem Haushalt ein entsprechendes Gerät zu finden ist oder ob die Verfahren weiterhin nur in der Industrie genutzt werden, bleibt abzuwarten. In jedem Falle bleiben die Technologie sowie ihre Entwicklung höchst spannend und bieten enormes Potenzial, die Art und Weise, auf die wir Dinge produzieren, nachhaltig zu verändern.

Anknüpfend an diesen Beitrag wäre ein Vergleich zwischen unserer derzeit zentralen Produktion und der Entwicklung einer dezentralen Produktion durch den Einsatz von 3D-Druckern ebenfalls hochinteressant. Die Erarbeitung eines konkreten Geschäftsmodelles zum Vertrieb von Druck-Lizenzen könnte ebenfalls interessante Erkenntnisse hinsichtlich der Anwendbarkeit und des wirtschaftlichen Nutzens bringen.

2.7 Literaturverzeichnis

Printquellen

[Bre13] Breuninger, J.: Generative Fertigung mit Kunststoffen. Konzeption und Konstruktion für Selektives Lasersintern. Springer, Berlin, Heidelberg, 2013.

[Els09] Elsner, P. C.: 3D-Drucktechnologie – Grundlagen zur Herstellung polymerer Bauteile mit gradierten Werkstoffeigenschaften. Dissertation, Berlin.

[Geb16] Gebhardt, A.: Generative Fertigungsverfahren. Additive Manufacturing und 3D-Drucken für Prototyping - Tooling - Produktion. Hanser, München, 2016.

[Geu96] Geuer, A.: Einsatzpotential des Rapid Prototyping in der Produktentwicklung. Springer Berlin Heidelberg, Berlin, Heidelberg, s.l., 1996.

[Göt93] Götze, U.: Uwe_Götze_auth._Szenario-Technik_in_der_strategischen_Unternehmensplanung // Szenario-Technik in der strategischen Unternehmensplanung. Deutscher Universitätsverlag, Wiesbaden, s.l., 1993.

[Her04] Herzhoff, M. D.-I.: Szenario-Technik in der chemischen Industrie. Untersuchung von Software-Tools am Beispiel einer Studie zum Markt für Flammschutzmittel im Jahr 2010 und der praktischen Bedeutung der Szenario-Technik, 2004.

[Mar15] Martha, A. M.: Optimierung des Produktentwicklungsprozesses durch CAD-CAM-Integration im Kontext der additiven Fertigung. Dissertation, Duisburg-Essen, 2015.

[Miß93] Mißler-Behr, M.: Methoden der Szenarioanalyse. Deutscher Universitätsverlag, Wiesbaden, 1993.

[Obe76] Oberkampf, V.: Szenario-Technik. Darstellung und Methodik, Frankfurt, 1976.

[Ort07] Ortelbach, B.: Controlling in wissenschaftlichen Verlagen. Dissertation. Göttingen University Press, Göttingen, 2007.

[Reb14] Rebel, Gregor Dipl.-Informatiker Gregor Rebel: 3D_Druck_Design_10, 2014.

[Rei92] Reibnitz, U.: [Ute_von_Reibnitz]_Szenario-Technik-Instrumente // Szenario-Technik. Instrumente für die unternehmerische und persönliche Erfolgsplanung. Gabler Verlag, Wiesbaden, s.l., 1992.

Onlinequellen

[3D 17a] 3D Printing Industry: The Free Beginner's Guide. https://3dprintingindustry.com/3d-printing-basics-free-beginners-guide, 22.12.2017.

[3D-17b] 3D-Systems: Umsatz von 3D-Systems in den Jahren 2008 bis 2016. https://de.statista.com/statistik/daten/studie/444288/umfrage/umsatz-von-3d-systems/, 02.12.2017.

[3De17] 3Devised inc.: PLUTO - The world's smallest high-quality 3D Printer. https://www.kickstarter.com/projects/3devised/pluto-the-worlds-smallest-high-quality-3d-printer, 02.12.2017.

[Bit17] Bitcom: Anteil der Smartphone-Nutzer in Deutschland in den Jahren 2013 bis 2017. https://de.statista.com/statistik/daten/studie/585883/umfrage/anteil-der-smartphone-nutzer-in-deutschland/, 04.12.2018.

[Car17] Carbon, I. C. A.: Our process. https://www.carbon3d.com/process/, 16.10.2017.

[CON17] CONTEXT: Top 5 Vendors: 3D Printer Market Share by Unit Volumes. https://www.contextworld.com/web/guest/context-new-professional-class-drives-impressive-38-growth-for-3d-printers-in-h1-2017, 02.12.2017.

[Don13] Dong Fangyu: A technology with potential to revolutionize manufacturing. http://www.chinadaily.com.cn/opinion/2013-06/25/content_16654200.htm, 22.12.2017.

[Dor15] Doris: CLIP: Neues, unglaublich schnelles 3D-Druckverfahren – Update: TED Talk online. https://3druck.com/drucker-und-produkte/clip-neues-unglaublich-schnelles-3d-druckverfahren-0331062/, 22.12.2017.

[Dor16a] Doris: Carbon 3D bringt ersten 3D-Drucker basierend auf der CLIP-Technologie auf den Markt. https://3druck.com/drucker-und-produkte/m1-carbon-bringt-ersten-3d-drucker-basierend-auf-der-clip-technologie-auf-den-markt-1343557/, 15.11.2017.

[Dor16b] Doris: Organovo entwickelt 3D-gedruckte menschliche Leber für Transplantation. https://3druck.com/medizin/organovo-entwickelt-3d-gedruckte-menschliche-leber-fuer-transplantation-2549759/, 04.01.2018.

[Flo10] Flottwell, E. von: 3D-Druck-Howto, 23.12.2017.

[Fri16a] Friedl, B.: durchschnittliche Anzahl der Haushaltsmitglieder nach Bundesländern 2016, 08.01.2018.

[Fri16b] Friedl, B.: Weitere Informationen, 08.01.2018.

[Gab17] Gabler Wirtschaftslexikon: SWOT-Analyse. http://wirtschaftslexikon. gabler.de/Definition/swot-analyse.html, 06.12.2017.

[glo13] Gloeckner: Marktperspektiven von 3D in industriellen Anwendungen. https://www.prognos.com/publikationen/alle publikatio-nen/308/show/21a24c7568a7b9c5337e2fed060348b6/, 05.01.2018.

[M3D17] M3D: M3D Pro Print Specs. https://printm3d.com/pro, 02.12.2017.

[MK 15] MK Technology GmbH: Was ist Rapid Prototyping? Rapid Prototyping und Rapid Tooling: Die neue schnelle Technik zur Herstellung von funktionsfähigen Prototypen und Vorserien. http://www.mk-technology.com/prototypenbau.html, 14.08.2017.

[Möl17] Möller, F.: 3D-DruckerCheck. http://3d-druckercheck.de/vergleich/3d-drucker-preise-ubersicht/, 03.12.2017.

[Mon17] Monoprice: Maker Ultimate 3D Printer - MK11 DirectDrive Extruder / 24V Power System. Full Specs. https://www.monoprice.com/product?p_id=15710, 02.12.2017.

[Pri16] PricewaterhouseCoopers Limited: umfrage-zur-nutzung-von-3d-druckern-in-deutschland-2016. https://de.statista.com/statistik/daten/studie/706543/umfrage/nutzung-von-3d-druckern-in-deutschland/, 22.12.2017.

[sha17] shapeking: Geschwindigkeit beim Drucken. http://www.shapeking.com/de/wissen/print-speed/, 02.12.2017.

[Ste15] Steck, R. D.-I.: STL ade? Der 3D-Druck braucht ein neues Datenformat. https://www.engineeringspot.de/2015/04/stl-ade-der-3d-druck-braucht-ein-neues-datenformat/, 27.11.2017.

[Thi17] Thingiverse.com. https://www.thingiverse.com/, 22.12.2017.

[Tho17] Thomas, J.: Volumetric 3D printing builds on need for speed. https://www.llnl.gov/news/volumetric-3d-printing-builds-need-speed, 10.12.2017.

[Ult17] Ultimaker: Specification sheet Ultimaker 3 v1.8.indd. https://ultimaker.com/en/products/ultimaker-3/specifications, 02.12.2017.

[Wan17] Wanhao: Wanhao Duplicator 7 DLP SLA 3D Printer. https://www.3dprintersbay.com/wanhao-duplicator-7-sla-3d-printer, 02.12.2017.

[XYZ17] XYZprinting: Produktinformationen. http://eu.xyzprinting.com/eu_de/Product/Nobel-1.0A#spec_single, 02.12.2017.

3 Softwareentwicklung im Wandel

Abschätzung des ökonomischen Vorteils des Einsatzes von künstlichen neuronalen Netzen gegenüber der klassischen Softwareentwicklung am Beispiel des Traveling-Salesman-Problems

Björn Schwarze, 2018

Abstract

Die ständige Anpassung und Weiterentwicklung flexibler Strukturen ist für Organisationen in dem heutigen Wirtschaftssystem überlebensnotwendig. Dies erfordert ständig Anpassungen und auch Neuentwicklungen in der Softwarelandschaft zur Umsetzung. Die Komplexität der Software steigt mit den Anforderungen, zum Teil sogar exponentiell. Die Implementierung dieser Algorithmen kann sich so zu einem erheblichen Kostenfaktor entwickeln.

Das Ziel der Forschung ist zu untersuchen, ob sich eine Verringerung des Aufwandes mit künstlichen neuronalen Netzen erreichen lässt. Dazu wurden die folgenden Forschungsfragen gestellt: Lässt sich der Aufwand für die Implementierung eines komplexen Algorithmus durch den Einsatz von künstlichen neuronalen Netzen gegenüber der klassischen Entwicklung senken? Welche Folgen hat der Einsatz von künstlichen neuronalen Netzen auf die Softwarequalität?

Um diese Fragen zu beantworten, wurde je ein Algorithmus der klassischen Entwicklung und der Entwicklung mit künstlichen neuronalen Netzen, zur Lösung des Traveling-Salesman-Problems implementiert. Anschließend wurden die Eigenschaften dieser Implementierungen gemessen und miteinander verglichen. Dabei zeigte sich, dass die Verwendung des gewählten Modells der künstlichen neuronalen Netze der klassischen Methode in jeder Hinsicht unterlegen ist.

Auf dieser Grundlage ist es nicht empfehlenswert, dass Hopfield-Verfahren für die Berechnung einer Lösung eines Traveling-Salesman-Problems zu wählen.

3.1 Einleitung

3.1.1 Motivation

Es wird untersucht, ob der Einsatz von künstlichen neuronalen Netzen den Entwicklungsprozess gegenüber der klassischen Softwareentwicklung verkürzen kann und welche Konsequenzen dies für die einzelnen ökonomischen Gütekriterien der Software hat. Da es nicht möglich ist, eine allgemeine Aussage über jedes mögliche Szenario zum Einsatz von künstlichen neuronalen Netzen zu treffen, wird eine Vorgehensweise zum Vergleichen der beiden Entwicklungsarten am Beispiel des Traveling-Salesman-Problems erläutert. Dieses Prinzip findet sich an vielen Stellen als Aufgabenstellung oder Teilaufgabe wieder.

3.1.2 Künstliche neuronale Netze

Künstliche neuronale Netze stellen für viele Problemstellungen wie z.B. Datenmining eine Alternative zu den klassischen Verfahren dar. Dabei ist der Einsatz von künstlichen neuronalen Netzen unter anderem dort sinnvoll, wo keine effiziente Methode bekannt ist oder keine Lösung mit vertretbarem Aufwand entwickelt werden kann. [SCP01] Mit diesem Paradigma ist es möglich, Justierungsvorgänge von Fabrikmaschinen zu automatisieren [SCH97] oder ein künstliches Paar Beine laufen zu lassen [KÖN09]. In jüngerer Zeit fanden sich immer mehr Anwendungsmöglichkeiten auf diesem Gebiet der Neuroinformatik, obwohl die Erforschung künstlicher neuronaler Netze lange Zeit als tot galt.

Die Entwicklung der künstlichen neuronalen Netze begann 1943, fast zeitgleich mit der Entwicklung der ersten Computer. Der Neurologe Warren McCulloch und der Mathematiker Walter Pitts versuchten in dieser Zeit, die Strukturen des menschlichen Gehirns auf einen Computer zu übertragen. Mitte der fünfziger Jahre begann Rosenblatt sein Konzept des Perceptron mit dem Mark I umzusetzen. Es war der erste Neurocomputer, der zur Mustererkennung eingesetzt wurde. In den sechziger Jahren wurde die anfängliche Euphorie, die von der Forschung an den künstlichen neuronalen Netzen ausging, von der Forschung von Minsky und Paper zerstört. Diese bewiesen, dass es mit einem einschichtigen neuronalen Netz nicht möglich war eine XOR-Schaltung darzustellen. Dabei übertrugen sie fälschlicherweise diese Erkenntnis auch auf mehrschichtige neuronale Modelle. In den folgenden Jahren erfuhr die Weiterentwicklung der künstlichen neuronalen Netze wenig wissenschaftliche Beachtung. [LAN13] Heute schlagen die ersten künstlichen Netze schon die besten menschlichen Schachspieler [MEU15] oder spielen das japanische Brettspiel GO [SCH16].

3.1.3 Fragestellung dieser Untersuchung

Für viele komplexere Problemstellungen ist es sehr aufwendig, eine Lösung mittels der klassischen Entwicklungsweise zu implementieren.

Eine der wichtigsten Eigenschaften von künstlichen neuronalen Netzen ist die Lernfähigkeit dieser. So ist es möglich, dass künstliche neuronale Netze eine Aufgabenstellung selbständig aus Trainingsbeispielen erlernen, ohne dass diese dazu programmiert werden müssen. [BIK13] Es wäre nützlich diese Eigenschaft der künstlichen neuronalen Netze zu nutzen, um verschiedene Algorithmen automatisiert generieren zu lassen. Dies würde die Entwicklungskosten der Software erheblich senken. Die Fragestellung dieser Untersuchung ist, ob künstliche neuronale Netze den Entwicklungsaufwand von Software für komplexere Problemstellungen, wie z.B. das Traveling-Salesman-Problem senken können. Als Vertreter für ein komplexes Problem wird das Traveling-Salesman-Problem gewählt. Dies hat zwei Gründe. Zum einen handelt es sich beim Traveling-Salesman-Problem um ein algebraisch nur schwer lösbares Problem und zählt selbst zu den NP-harten Problemstellungen. Es ist somit nur mit exponentiellem Aufwand zu lösen. Zum anderen ist es nach [KAV13] bekannt, dass eine Lösung des Problems mittels künstlichen neuronalen Netzen 1985 von dem Physiker Hopfield bereits existiert. Das heißt, es ist generell möglich das Traveling-Salesman-Problem mittels künstlicher neuronaler Netze zu lösen. Für die Ökonomie ist nicht nur die Fragestellung des Aufwandes wichtig, sondern auch andere Attribute der Software, die mit der Benutzung dieser einhergehen. Eine weitere Fragestellung wäre, wie die Qualität von Software durch die Benutzung von künstlichen neuronalen Netzen beeinflusst wird.

3.1.4 Methodisches Vorgehen

Um die in Abschnitt 3.1.3 vorgestellte Fragestellung dieser Untersuchung zu beantworten, folgt in Kapitel 3.2 ein Überblick über den derzeitigen

Stand der Forschung. In diesem Kapitel wird erklärt, was das Traveling-Salesman-Problem ist und worum es sich bei dem Branch-and-Bound-Verfahren handelt, welche Modelle und Lernmethoden für künstliche neuronale Netze existieren und wie diese funktionieren. Zuletzt werden in Kapitel 3.2 Methoden zum Einschätzen und Messen von Aufwand in der Softwareentwicklung vorgestellt. Im Anschluss an dieses Kapitel folgt die Aufstellung und Begründung von Thesen. Dabei wird in diesem Kapitel der Begriff „ökonomische Eigenschaften von Software" in einzelne Attribute anhand von nicht-funktionalen Anforderungen aufgeteilt. Anschließend folgt eine Diskussion über die Wahl der Verfahren, die im Rahmen dieser Untersuchung gegenübergestellt werden. Die Hypothesenbildung sowie die Operationalisierung und Messung der einzelnen Eigenschaften werden in den letzten Abschnitten erörtert. In Kapitel 3.3.4 und 3.3.5 wird die Implementierung der klassischen Entwicklung sowie die Implementierung der künstlichen neuronalen Netze erläutert. In den letzten Abschnitten von Kapitel 3.3.4 und 3.3.5 werden die gemessenen Ergebnisse der Methoden tabellarisch präsentiert. Die Auswertung und Gegenüberstellung der gemessenen Ergebnisse findet in Kapitel 3.6 statt. Nach der Gegenüberstellung der Ergebnisse werden die Hypothesen geprüft. Anschließend daran folgt eine Diskussion der Ergebnisse.

3.2 Grundlagen

In diesem Kapitel werden die Grundlagen erläutert, die benötigt werden, um Methoden der klassischen Softwareentwicklung und der Entwicklung mit dem Einsatz künstlicher neuronaler Netze gegenüberzustellen. Am Anfang wird das Traveling-Salesman-Problem erläutert. Anschließend folgt ein kurzer Exkurs in die Biologie, um die verschiedenen mathematischen Modelle der neuronalen Netze zu erklären. Im Anschluss werden mehrere Lernmethoden vorgestellt, mit denen es möglich ist neuronale Netze auf ein bestimmtes Problem zu trainieren. Als Letztes folgt eine Vorstellung verschiedener Methoden zur Aufwandsmessung für Software, die benutzt werden können, um die klassische Entwicklung mit der Softwareentwicklung mittels künstlicher neuronaler Netze gegenüberzustellen.

3.2.1 Traveling-Salesman-Problem

Das Problem des Handelsreisenden (Traveling-Salesman-Problem) beschreibt die Problemstellung von Händlern, die eine Rundreise mit n Städten planen, um dort ihre Waren zu verkaufen/kaufen. Die Händler wollen aber ihre Rundreise so planen, dass diese möglichst kurz ist. Dabei wird davon ausgegangen, dass die Reisedauer zwischen den Städten bekannt und konstant ist. Das Traveling-Salesman-Problem findet sich in vielen anderen Disziplinen wieder. Dabei muss es sich nicht zwangsläufig um Handelsreisende handeln. Beispielsweise kann es sich dabei auch um einen Roboter handeln, der tausend Löcher in eine Platine bohren soll. Je kürzer der Weg, den der Roboter abfahren muss, desto schneller können die Platinen gefertigt werden. Die Problematik besteht darin, dass bei n verschiedenen Städten $n-1!$ verschiedene Alternativen berechnet werden müssen, um eine optimale Tour zu errechnen. Bei n=13 Städten handelt es sich schon um knapp eine halbe Milliarde unterschiedlicher Touren, die errechnet werden müssen. [MAV13] Um alle Touren eines Traveling-Salesman-Problems zu berechnen, gilt nach [GRA13] folgende Formel:

$$\sum_{i=j}^{n}\sum_{j=1}^{n} X_{ij}D_{ij} \qquad (1)$$

Dabei ist Dij die Distanz von einer Stadt i zu einer Stadt j. Die Variable Xij hat den Wert Eins, wenn von einer Stadt i zu einer Stadt j gereist wird. Andernfalls hat diese Variable den Wert Null. [GRA13] Dieses Verfahren wird im Folgenden als Brute-Force-Verfahren bezeichnet.

Die Lösungsverfahren für das Traveling-Salesman-Problem lassen sich grundlegend in zwei Kategorien einteilen. Kleinere Probleminstanzen lassen sich mit exakten Methoden bei einem verwertbaren Rechenaufwand optimal lösen. Bei größeren Probleminstanzen kann mit Hilfe von heuristischen Verfahren eine gute suboptimale Lösung gefunden werden. Für die Berechnung einer optimalen Lösung wird vorwiegend das Branch-and-Bound-Verfahren gewählt. [DOS10]

3.2.2 Branch-and-Bound-Verfahren

Die Grundidee des Branch-and-Bound-Verfahrens besteht darin, das ganze Problem als eine bestimmte Anzahl an Teilproblemen zu betrachten und diese dann gesondert zu untersuchen. [MAV13] In Abbildung 15 ist eine beispielhafte Trennung in Teilprobleme dargestellt. Das Minimum des Teilproblems wird nicht direkt berechnet, sondern über eine schnell zu berechnende obere Schranke und eine untere Schranke eingegrenzt. [MAV13]

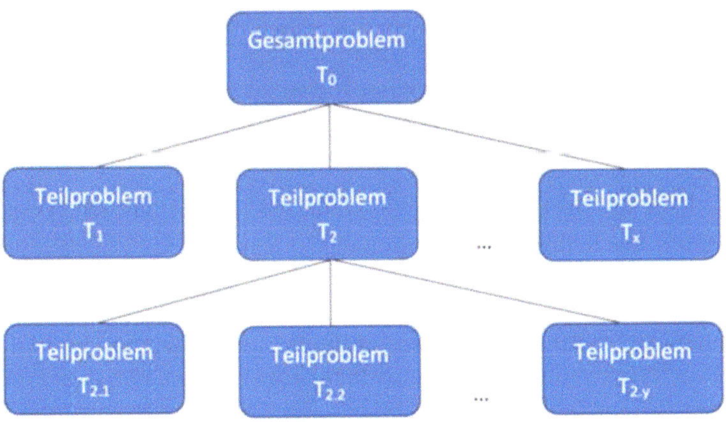

Abbildung 15 Entscheidungsbaum beim Branch-and-Bound-Verfahren (vgl. [MAV13]; Abb. 9-18)

Dabei repräsentiert die untere Schranke den Wert der Länge des Weges an der Stelle des Teilproblems. Ein guter Wert für die untere Schranke kann ermittelt werden, in dem eine reduzierte Kostenmatrix für das Teilproblem angefertigt wird.

Die Matrix befindet sich in einer reduzierten Form, wenn jede Spalte und Zeile mindestens eine Null und keine negativen Werte beinhaltet. Um eine reduzierte Kostenmatrix zu erstellen, muss vorher jedoch eine Matrix des Traveling-Salesman-Problems angefertigt werden. [BAS05]

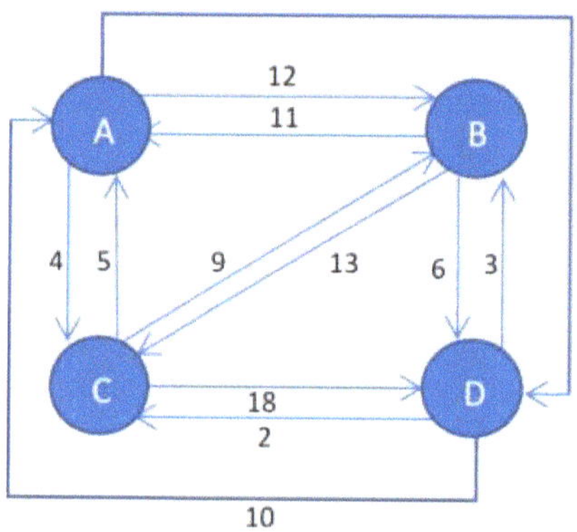

	A	B	C	D
A	∞	12	5	7
B	11	∞	13	6
C	4	9	∞	18
D	10	3	2	∞

Abbildung 16 Beispiel Traveling-Salesman-Problem (vgl. [BAS05], Abb. 10.10)

Um die Transformation der Traveling-Salesman-Matrix in eine reduzierte Kostenmatrix zu realisieren, muss in jeder Zeile und Spalte ein Minimum gesucht werden. Dieses Minimum wird dann mit den restlichen Werten der Zeilen oder Spalten subtrahiert. Die Summe der Zahlen, die benutzt worden sind, um die Matrix zu reduzieren, entspricht der unteren Schranke. [BAS05] Das bedeutet in diesem Beispiel wäre für das Wurzelproblem A die untere Schranke 18.

Ist die untere Schranke des Gesamtproblems berechnet, können nun die unteren Schranken der Teilprobleme berechnet werden. Von dem Punkt A ist es möglich nach B, C, und D zu reisen. Die unteren Schranken der Teilprobleme werden ähnlich wie die Schranke des Gesamtproblems berechnet, mit dem Unterschied, dass der Aufwand der Reise aus der reduzierten Kostenmatrix und die untere Schranke des Elternproblems hinzugerechnet werden muss. [BAS05] In dem Beispiel würde sich die untere Schranke für das Teilproblem der Reise nach B aus der Schranke des Gesamtproblems (18) sowie den Reisekosten aus der reduzierten Kostenmatrix (6) ergeben.

Ausgangsmatrix

	A	B	C	D
A	∞	12	5	7
B	11	∞	13	6
C	4	9	∞	18
D	10	3	2	∞

Zeilen minimiert

	A	B	C	D
A	∞	7	0	2
B	5	∞	7	0
C	0	5	∞	14
D	8	1	0	∞

Spalten minimiert

	A	B	C	D
A	∞	6	0	2
B	5	∞	7	0
C	0	4	∞	14
D	8	0	0	∞

Abbildung 17 Beispiel einer Berechnung der reduzierten Matrix (vgl. [BAS05])

Wurden die unteren Schranken der Teilprobleme berechnet, werden diese miteinander verglichen. Dabei werden wieder neue Teilprobleme von dem Zweig erzeugt, der die niedrigste Schanke besitzt. Sollten mehrere Zweige den niedrigsten Schrankenwert besitzen, so müssten alle diese Zweige weiter berechnet werden. [BAS05] In dem Beispiel würden die Schranken von C und D, 27 und 25 sein. Damit sind die Schranken für C und B größer als die Schranke für B. Teilproblem B ist also der Zweig, der weiter berechnet werden kann.

Bevor neue Teilprobleme des Gewinnerzweiges erstellt werden können, muss die Verbindung von Eltern- und Teilproblem sowie alle Verbindungen zum Teilproblem in der reduzierten Kostenmatrix mit dem Wert Unendlich überschieben werden, da diese Verbindung nicht mehr gewählt werden darf. Der beschriebene Prozess wird so lange wiederholt, bis alle Punkte des Traveling-Salesman-Problems berechnet worden sind. [BAS05]

3.2.3 Künstliche neuronale Netze

In diesem Abschnitt werden die Grundlagen der künstlichen neuronalen Netze erläutert. Nach einem kleinen Abstecher in die Biologie, in dem ein biologisches Neuron erklärt wird, wird auf die Berechnung von künstlichen neuronalen Netzen eingegangen. Anschließend werden verschiedene Netz-Topologien wie Feedforward- oder Hopfield-Netze erklärt.

3.2.3.1 Biologische Neuronen

Vereinfacht gesagt ist ein Neuron nichts weiter als ein Schalter mit Ein- und Ausgang. Wenn das Neuron genügend Reize empfängt, wird der "Schalter" aktiviert und sendet das Signal an andere Neuronen weiter. Eintreffende Signale von anderen Neuronen oder Zellen werden von den Synapsen aufgenommen. Diese liegen an den Dendriten oder direkt am Soma. [KRI07]

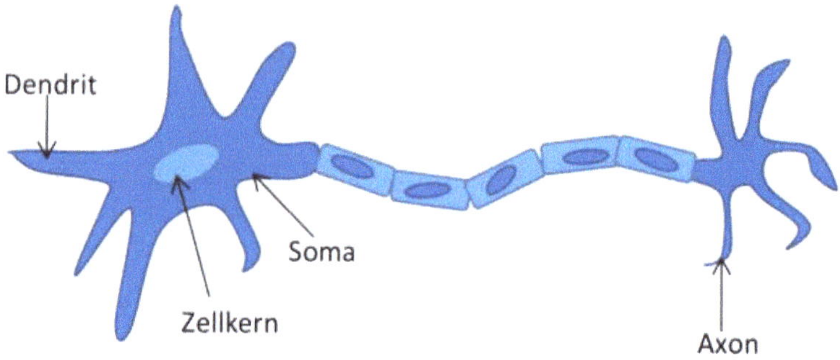

Abbildung 18 Skizze eines biologischen Neurons mit Beschriftung (vgl. [KRI07], Abbildung 2.3)

In der Regel handelt es sich dabei um eine chemische Synapse. Für die Übertragung eines Signals an die chemische Synapse muss das Axon eines anderen Neurons chemische Botenstoffe (sogenannte Neurotransmitter) entsenden, die den synaptischen Spalt überwinden. Somit kann das Neuron Signale von anderen Neuronen empfangen. Durch die chemische Synapse ist es möglich, die Stärke des Signals zu hemmen oder zu stärken. Ein Neuron, das ein Signal erhält muss dies aber nicht zwangsläufig weiterleiten. Nur wenn es ausreichend stimuliert wird, ist das Neuron in der Lage den Impuls an verbundene Elemente weiterzuleiten. Es wird hier von einem Schwellenwert gesprochen. Dieser liegt bei ca. -55 mV. [KRI07]

3.2.3.2 Künstliche Neuronen

Künstliche neuronale Netze entsprangen einem mathematischen Modell, das sich die Funktionsweise des (menschlichen) Gehirnes zu nutzen macht. Im Wesentlichen besteht dieses Modell aus Berechnungseinheiten, die mittels gewichteten Verbindungen verbunden sind. Dabei repräsentieren die Berechnungseinheiten ein stark idealisiertes Bild eines biologischen Neurons. [LIP06]

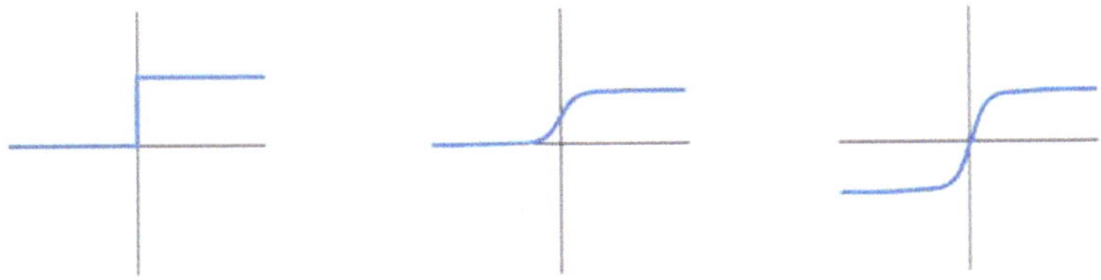

$$f(x) = \begin{cases} 1, falls\ x > 0 \\ 0, falls\ x \leq 0 \end{cases} \qquad f(x) = \frac{1}{1 + e^{-x}} \qquad f(x) = \frac{e^{2x} - 1}{e^{2x} + 1}$$

Abbildung 19 Skizze von Verarbeitungsfunktionen der künstlichen Neuronen (binäre Schwellenfunktion, Sigmoid-Funktion, Tangens-Hyperbolicus-Funktion) (vgl. [KRI07], Abbildung 3.2)

Die gewichteten Verbindungen zwischen den künstlichen Neuronen stellen dabei die biologische Synapse dar. Durch die Gewichtungen der Verbindungen ist es möglich, die Verbindung der beiden Neuronen zu beeinflussen. [KRI07] Der Input eines Neurons lässt sich nach [KRI07] durch die Kumulierung aus den Multiplikationen der Gewichtungen mit dem Output der verbundenen Neuronen errechnen:

$$\sum_{i=0}^{n} (w_i x_i) \tag{2}$$

Die Verarbeitung des Inputsignals an das Neuron erfolgt durch eine nicht lineare Funktion *f*. [KRI07] Als gängige Funktionen für *f* gelten nach [KRI07] die binäre Schwellenwertfunktion, die Sigmoid-Funktion (Fermi-Funktion) und die Tanges-Hyperbolicus-Funktion (siehe Abbildung 19).

Manche neuronalen Modelle besitzen zusätzlich noch Schwellenwerte, so dass das Neuron nichts weiterleitet, wenn dieser Wert nicht überschritten worden ist. Der daraus resultierende Wert entspricht dem Output des Neurons und wird an die mit ihm verbundenen Neuronen weitergeleitet. [KRI07]

3.2.3.3 Feedforward-Netze

Die Netztopologie Feedforward-Netze sind in verschiedenen Schichten (Layer) eingeteilt. Der erste Layer entspricht der Eingabeschicht. In dieser Schicht befinden sich die Eingabeneuronen (Input Neuronen). Diese leiten den Input an die versteckte Verarbeitungsschicht (Hidden Layer) weiter. Ein Feedforward-Netz kann über n Hiddenlayer verfügen. Die letzte Schicht entspricht der Ausgabeschicht (Output Layer). Ein Feedforward-Netz verfügt immer über klar abgetrennte Schichten. Ein Neuron darf ausschließlich nur mit einem Neuron aus der nächsten Schicht verbunden sein. [KRI07]

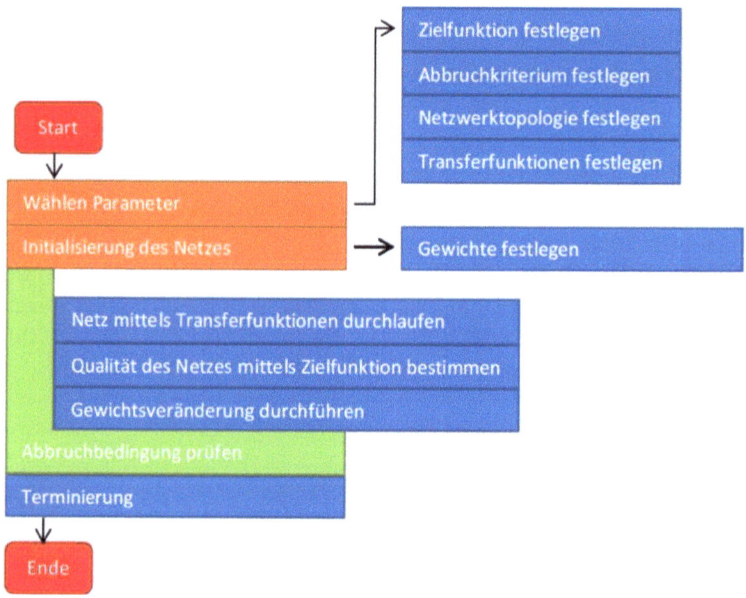

Abbildung 20 Beispielhafte Darstellung eines neuronalen Rechenmodells (vgl. [KRI07])

3.2.3.4 Hopfield-Netze

Bei den Hopfield-Netzen handelt es sich um ein künstliches neuronales Netzmodell von Herrn Hopfield, welches 1982 vorgestellt worden ist. Dabei werden Binärneuronen verwendet, die den Wert -1 für inaktiv und

1 für aktiv annehmen können. Auf Basis von diesem Modell kann ein Autoassoziationsspeicher gebildet werden. In einem Autoassoziationsspeicher können Muster gespeichert werden. Um ein Muster wieder abzurufen, muss ein ähnliches Muster dem Netz vorgegeben werden. Ein klassisches Anwendungsbeispiel ist hierfür die Erkennung von Schriftzeichen. In einem Hopfield-Netzwerk sind alle Neuronen miteinander verbunden. Allerdings gibt es keine Verbindung eines Neurons mit sich selbst. [ERT16] Künstliche neuronale Netze, bei denen es Rückkopplungen gibt, werden als rekurrente Netze bezeichnet. Bei rekurrenten Netzen findet eine Iteration bei der Berechnung der Aktivitätswerte statt, da der Output des einen Neurons an ein anderes gegeben werden kann und als Input wieder bei dem ersten Neuron eingehen kann. [LAN13]

3.2.3.5 Boltzmann-Maschine

Bei der Boltzmann-Maschine handelt es sich um eine Erweiterung des Hopfield-Netzes. Sie bestehen aus einer Eingangsschicht, einer verborgenen Schicht und einer Ausgangsschicht. Dabei ist das Netz vollständig verbunden, wobei die Eingangsschicht keine direkte Verbindung besitzt. Dies wird realisiert, indem die Gewichtungen zwischen den Schichten auf den Wert Null gesetzt werden. Außerdem ist eine Selbstrückkopplung ausgeschlossen. Die Gewichtung eines Neurons mit sich selbst ist also auch Null. Des Weiteren sind die Gewichte ungerichtet. Die Gewichtsmatrix ist also symmetrisch aufgebaut. Die Neuronen der Boltzmann-Maschine sollen mit einem Aktivierungswert mit dem Wert Null oder Eins effektiver sein. [HOF13] Nach [HOF13] lautet die Eingangsfunktion:

$$\varepsilon_i = \sum_{j=1}^{N} w_{ij} \cdot a_j \tag{3}$$

3.2.3.6 Selbstorganisierte Karten/ Kohonennetze

Das Vorbild für die Kohonennetze stammt aus der Biologie und orientiert sich an der Funktionsweise von Teilbereichen der Großhirnrinde wie z.B. der visuelle Kortex oder der motorische Kortex. Dabei lernt das Gehirn die Zuordnung der Signale durch den Prozess der "Selbstorganisation". Teuvo Kohonen formulierte aus diesen Erkenntnissen das neuronale Kohonen-Modell sowie einen Lernalgorithmus für diese Netze. [RÄD10] Dabei gehören die Kohonennetze zu den unüberwachten Lernverfahren. [HED12] Der Hauptunterschied gegenüber überwachten Lernmodellen besteht darin, dass bei selbstorganisierenden Netzen keine explizite Ausgabe vorgeschrieben ist. Dennoch führt der Lernvorgang zu einer Festlegung bestimmter Netzgewichte in einem selbstgesteuerten, stochastischen Prozess. [BEP15]

3.2.4 Lernmethoden von künstlichen neuronalen Netzen

Ein künstliches neuronales Netz lernt indem die Gewichtungen der Verbindungen der Neuronen verändert werden. In der Literatur über künstliche neuronale Netze lassen sich viele Lernalgorithmen finden. [HEI94] Die Lernmethoden von künstlichen neuronalen Netzen werden unterteilt in überwachtes und unüberwachtes Lernen. [ROJ93]

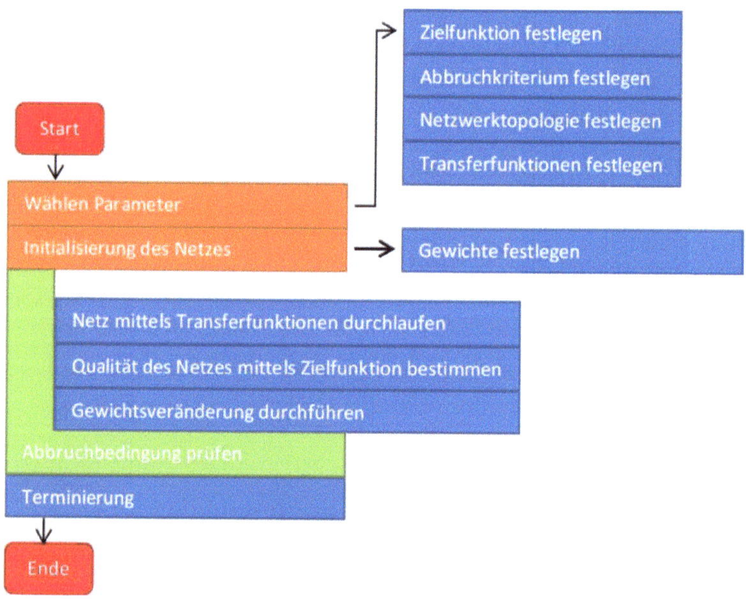

Abbildung 21 Skizze eines allgemeinen Lernalgorithmus für künstliche neuronale Netze (vgl. [HEI94])

Überwachtes Lernen kann für Probleme eingesetzt werden, bei denen ein Ein- und Ausgabemuster vorliegt, so dass die Ausgabe des Netzes als richtig oder falsch klassifiziert werden kann. Sind die Ausgabewerte des Netzes falsch, so müssen die Gewichtungen des Netzes korrigiert werden. [ROJ93] Anhand des Modells soll verdeutlich werden, dass Lernen mittels künstlicher neuronalen Netzen nichts anderes ist als ein Optimierungsproblem. Dieser Basis-Algorithmus startet mit der Initialisierung der Suchparameter. Durch die implementierte Zielfunktion ist es möglich, mit Hilfe eines Vergleiches zwischen Output der Transferfunktion und dem Output des Netzes eine Bewertung über das Netz zu errechnen. Das Abbruchkriterium muss festgelegt werden, um die Terminierung des Verfahrens erreichen zu können. Der Schritt "Netzwerktopologie festlegen" beschreibt das Bereitstellen von einer bestimmten Menge an künstlichen Neuronen sowie das Festlegen der Verbindungen untereinander. Die Transferfunktionen beinhalten die Input- und Output-Funktionen, die später zur Ausführung des Netzes benötigt werden. Der Schritt Initialisierung generiert die Anfangsgewichte für das künstliche neuronale Netz. Nach der Initialisierung wird in das Netz mit Transferfunktionen durchlaufen, bewertet und verändert bis die Abbruchbedingung eintrifft. [HEI94]

Das unüberwachte Lernen wird dagegen verwendet, wenn die zur Eingabe gehörenden Ausgabewerte nicht bekannt sind. Dabei gibt es keine Kontroll- oder Bewertungsinstanz, die die Ausgaben des Netzes kontrolliert. [ROJ93]

3.2.4.1 Evolutionäre Algorithmen

Die evolutionären Algorithmen orientieren sich am natürlichen Evolutionsprozess und zählen zu den stochastischen Suchverfahren. [POH00] Die ersten Implementierungen evolutionärer Algorithmen wurden Ende der fünfziger Jahre veröffentlicht. [COB01] Der Anwendungsbereich von evolutionären Algorithmen befindet sich vor allem bei der Lösung von Optimierungsproblemen und ist deshalb in allen Bereichen von Industrie, Forschung und Wissenschaft anzutreffen. Beispiel hierfür können die Kalibrierung von Systemen, Prognosen von Zahlenreihen oder die Verbesserung von Konstruktionen sein. [WEI15] Zur Anwendung von evolutionären Algorithmen wird zunächst eine Population von zufälligen Lösungen erzeugt (Initialisierungsphase). Für jede dieser Lösungen wird ein Fitnesswert errechnet. Je nachdem wie hoch der Fitnesswert ist, werden die drei genetischen Operatoren Selektion, Rekombination und Mutation auf die Lösung angewandt. Nach mehreren Generationen ist die optimale Lösung gefunden oder die Abbruchbedingung erfüllt. [POH00]

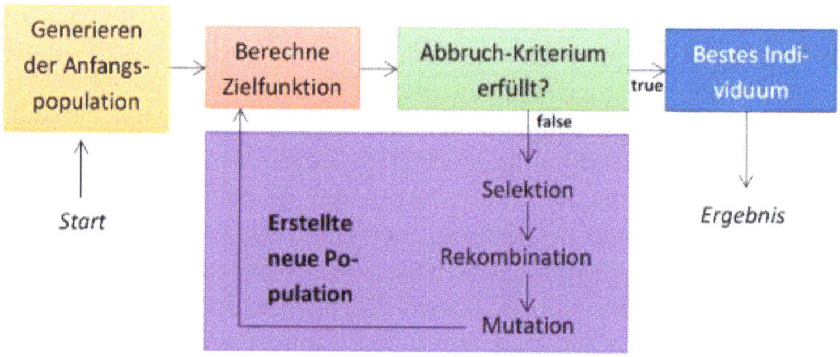

Abbildung 22 Struktur eines einfachen evolutionären Algorithmus (vgl. [POH00], Abb. 2-1)

Dabei gibt es zwei Möglichkeiten, um genetische Operatoren mit den künstlichen neuronalen Netzen zu kombinieren. Es können zum einen die Gewichte eines Netzwerkes, z.B. dem Hopfield-Netzwerk auf ein bestimmtes Problem optimiert werden. Zum anderen kann auch das gesamte neuronale Netz, einschließlich der Neuronen mittels generischen Operatoren für ein bestimmtes Problem generiert werden. [BRA13]

3.2.4.2 Simulated Annealing

Der Name Simulated Annealing stammt aus der Festkörperphysik. In der Physik wird dieses Verfahren eingesetzt, um beispielsweise in Kristallen eine ideale Gitterstruktur zu erzeugen. Um Simulated Annealing als Algorithmus für das Lösen eines Optimierungsproblems zu benutzen, muss zunächst eine Startkonfiguration gewählt werden. Durch Abänderungen dieser Konfiguration wird eine neue Konfiguration erstellt. Ist diese Konfiguration besser als die Vorherige, so ersetzt die neue Konfiguration diese. Die Wahrscheinlichkeit des Austausches der beiden Konfigurationen hängt von einem zeitabhängigen Parameter und von den Kosten der Konfiguration ab. Dies wird solange wiederholt, bis das Minimum erreicht worden ist. [BRF13] Um Simulated Annealing für die Entwicklung eines neuronalen Netzes zu benutzen, kann eine Gewichtsmatrix per Zufall generiert werden. Mit der Steuerung der "Temperatur" werden stärkere Änderungen in der Gewichtsmatrix durchgeführt. Bei einer niedrigen

"Temperatur" werden kleinere Änderungen in der Gewichtsmatrix getätigt. [HEA08]

3.2.5 Methoden der Aufwandsbewertung im Software-Engineering

In diesem Abschnitt werden Methoden zur Messung oder Schätzung des Aufwandes von zu implementierenden Softwareprojekten beschrieben. Diese werden in Abschnitt 3.3.5.1 zur Operationalisierung benötigt.

3.2.5.1 Delphi-Methode

Die Delphi-Methode zählt zur Kategorie Expertenbefragung. Dabei stützt sich die Schätzung auf die Erfahrung der dafür hinzugezogenen Experten. Die Experten schätzen also mittels ihrer persönlichen Erfahrungen und durch Vergleiche mit bisher fertiggestellten Projekten. Die Delphi-Methode ist ein kostengünstiges Verfahren, welches gute Ergebnisse liefern kann, wenn die Experten über ausreichende Erfahrung verfügen. Andernfalls können die Prognosen sehr ungenau sein. Die Delphi-Methode wird von einem Moderator angeleitet, der die Aufgabenstellung erläutert. Wichtig ist, dass die Experten unabhängig voneinander Schätzungen abgeben, die anschließend von allen Experten diskutiert werden. Diese Methode liefert zuverlässigere Ergebnisse, als eine einfache Expertenbeurteilung, da diese Ausreißer eliminiert. [RAU15]

3.2.5.2 COCOMO II

Die COCOMO-Methode wurde 1981 von Barry W. Boehm vorgestellt. 1995 entwickelte er eine überarbeitet Variante COCOMO II. Diese sollte die Veränderungen in der Softwareentwicklung berücksichtigen. Dieses Modell bietet drei Varianten, die den Zeitpunkt der Schätzung unterscheiden und für spätere Zeitpunkte zunehmend genauer werden. Die „frühe Prototypstufe" basiert auf der Zählung von Object-Points. Diese Stufe ist mit großer Vorsicht zu benutzen. Die „frühe Entwicklungsstufe" wird mittels Function-Points bzw. daraus abgeleiteten Codegrößen bewertet. Dabei werden konstante Erfahrungswerte benutzt, um den Aufwand schätzen zu können. Bei der „Stufe nach Architekturentwurf" werden zusätzlich die Auswirkungen erwarteter Änderungen von Anforderungen berücksichtigt. [BAL10]

3.2.5.3 Function-Points

Die Function-Point-Methode ist ein Schätzverfahren für Software, welches mit der ISP/IEC-Norm 20926 standardisiert worden ist. Diese Methode beruht auf der Idee, den funktionalen Umfang auf Grundlage der Anforderungen zu messen. Die Messung erfolgt in fünf Schritten. Der erste Schritt beinhaltet das Festlegen des Zähltyps. Dabei wird unterschieden zwischen Neuentwicklung und Weiterentwicklung eines bestehenden Systems. Im Anschluss erfolgt das Festlegen der Systemgrenzen. In diesem Schritt wird eine genaue Abgrenzung von internen und externen Softwareteilen vorgenommen. Aus dieser Abgrenzung geht eine Schnittstelle hervor. Als dritter Schritt werden die Funktionstypen (einschließlich Datenbestände) identifiziert. Hierbei erfolgt eine Zuordnung der Funktionen in einem der fünf Funktionstypen. Dazu muss der Funktionsumfang der zu bewertenden Anwendung in Elementarprozesse zerlegt werden. Ein Elementarprozess ist eine atomare und einzigartige Aktivität des Systems. Anschließend werden die Elementarprozesse in einem der Funktionstypen zugeordnet.

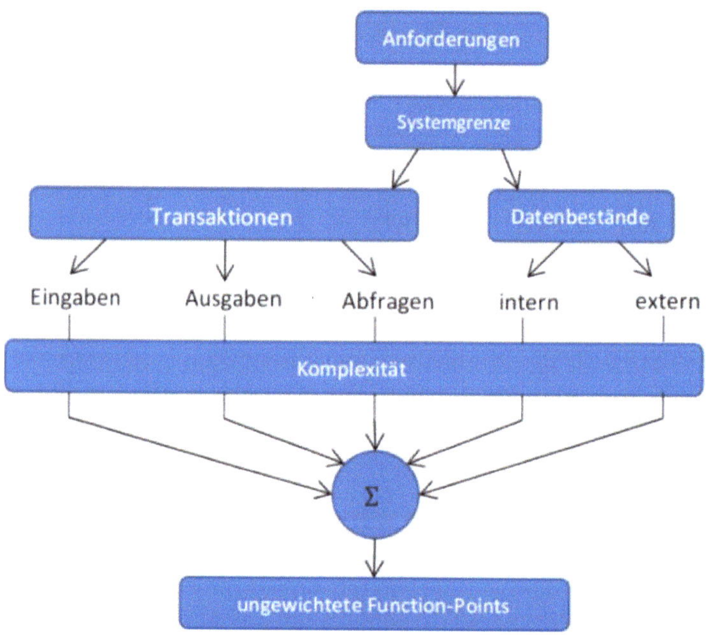

Abbildung 23 Darstellung der Ermittlung der ungewichteten Function-Points (vgl. [BAL10], Abb. 3-12)

Als nächstes werden die im vorherigen Schritt identifizierten Funktionen nach Komplexität bewertet. Um dies zu erreichen, werden die Elementtypen ausgezählt, die von der Funktion benutzt oder verarbeitet werden. Wurden die benutzen Elementtypen ausgezählt, können mittels Bewertungsmatrizen die Anzahl an Function-Points der jeweiligen Funktion abgelesen werden. Die ungewichteten Function-Points eines Projektes werden aus der Summe aller Function-Points der Funktionen errechnet. [BAL10]

Die Ermittlung der gewichteten Function-Points ist ein optionaler Schritt, bei dem weitere Einflüsse Berücksichtigung finden, die nicht als Ein- und Ausgabe-Datenbestände ausgedrückt werden können. [BAL10]

3.2.5.4 Halsteads Programming-Effort-Metrik

Halstead war der Meinung, dass es in der Entwicklung von Software Gesetzmäßigkeiten gebe, wie beispielsweise in der Physik. [MOP14] Mit der Halstead-Effort-Metrik ist es möglich, den Aufwand einer bestehenden Implementierung zu bewerten. [FAL10] Die Metrik wird direkt aus dem Quellcode errechnet. Alle Halstead-Metriken basieren auf der Identifizierung sowie Zählung der Anzahl der Operatoren und Operanden. [ABR10] Dabei sind Operatoren Tokens, die von der Programmiersprache vorgegeben werden. In der Sprache Cobol wären dies Schlüsselwörter wie DIVISION oder EVALUATE, wobei die Zeichen + oder > auch als Operatoren zählen würden. Operanden sind dagegen Tokens, die der Programmierer wählt. Ein Beispiel hierfür wären Variablenamen. Es wird jedoch nicht nur zwischen Operatoren und Operanden unterschieden, sondern auch zwischen der Gesamtzahl und Anzahl verschiedener Tokens. [LEH13]

Variablenname	**Beschreibung**
n_1	Anzahl der verschiedenen Operatoren
n_2	Anzahl der verschiedenen Operanden
N_1	Gesamtzahl Operatoren
N_2	Gesamtzahl Operanden

Tabelle 13 Benennung der Variablen für die Berechnung des Halstead-Efforts (vgl. [LEH13])

Bei der Auszählung ist zu beachten, dass in der Literatur keine absolute Übereinstimmung in den Definitionen von Operatoren und Operanden herrscht. [LEH13] Um den Halstead-Effort aus den Anzahlen zu errechnen gilt nach [ABR10] folgende Formel:

$$E_{\substack{elementary\\mental\\discriminations}} = \frac{n_1^{\substack{distinct\\operators}} \cdot N_2^{\substack{occurrents\\of\\operands}} \cdot N_1^{\substack{occurrents\\of\\tokens}} \cdot log_2\left(n^{\substack{distinct\\tokens}}\right)}{2^{\substack{potentail\\operators}} \cdot n_2^{\substack{distinct\\operands}}} \tag{4}$$

Dabei gibt es nach [ABR10] eine Nebenbedingung um n zu ermitteln:

$$n^{\substack{distinct\\tokens}} = n_1^{\substack{distinct\\operators}} + n_2^{\substack{distinct\\operands}} \tag{5}$$

Interessant ist dabei, dass der Aufwand dabei nicht in Tagen oder Stunden gemessen wird, sondern in der Maßeinheit E “elementare Denkschritte“. [ABR10]

3.3 Theoretische Vorgehensweise

Wie bereits in der Einleitung in Abschnitt 3.1.1 erwähnt, wird in diesem Beitrag der ökonomische Vorteil der klassischen Softwareentwicklung mit dem Vorteil der Nutzung von künstlichen neuronalen Netzen verglichen. Nach der Thesenbildung geht dieses Kapitel auf die Operationalisierung und Hypothesenbildung ein.

3.3.1 Thesenbildung

Der Grundgedanke dieser Untersuchung ist, dass sich der Entwicklungsprozess von komplexen Lösungen durch den Einsatz von künstlichen neuronalen Netzen verkürzen lässt. Dieser These resultiert aus der Annahme, dass das Trainieren und Implementieren von künstlichen neuronalen Netzen weniger Aufwand ist, als die manuelle Implementierung eines komplexen Algorithmus. Nach [VOG13] ist das Ziel des Einsatzes von künstlichen neuronalen Netzen komplexe und schlecht strukturierte Aufgaben zu bearbeiten, die mit algorithmischen Mitteln nicht oder nur mit hohem Aufwand bearbeitet werden können. Etwas vage und auch schwierig zu definieren ist, ab wann eine Problemstellung derartig komplex ist, dass der Aufwand des klassischen Entwicklungsvorgehens größer wird, als die Entwicklung mit künstlich neuronalen Netzen. Des Weiteren können nach [HEU13] ohne viel Aufwand künstliche neuronale Netze in Teilbereichen, wie z.B. der Verbesserung der Schrittführung von CNC-Maschinen eingesetzt werden und sollen einen hohen Programmieraufwand, der bei der klassischen Softwareentwicklung notwendig gewesen wäre, ersparen.

Die Verwendung von künstlichen neuronalen Netzen wird jedoch die Softwarequalität beeinflussen. Dies wird damit begründet, dass neuronale Netze anders arbeiten als klassische Algorithmen. Beispielsweise besitzen künstliche neuronale Netze nach [ROJ13] eine Art Blackbox Charakter. Dies hat sicherlich Auswirkungen auf die Wartbarkeit der Software. Des Weiteren wird eine Software die unter dem Einsatz künstlicher neutonaler Netze erstellt wurde langsamer sein. Diese Annahme basiert auf zwei Argumenten. Erstens basieren die künstlichen Neuronen auf Erkenntnissen der Biologie und wurden den biologischen Neuronen nachempfunden. Nach [ROJ13] sind Neuronen langsam und schalten im Bereich von Millisekunden, während elektronische Schaltelemente im Bereich von Nanosekunden schalten. Zweitens benötigen künstliche neuronale Netze wahrscheinlich wesentlich mehr Rechenoperatoren als die klassische Softwareentwicklung, da jedes künstliche Neuron für die Ermittlung der Ausgabe berechnet werden muss. Mit den Methoden der klassischen Softwareentwicklung können z.B. Algorithmen bestimmte Berechnungen weglassen, die nach dem Herrsche-und-Teile-Prinzip verfahren und somit einen schnelleren Weg zum Ziel generieren.

Zusammenfassend können zwei Thesen festgehalten werden, die in dieser Untersuchung aufgestellt werden:

- Durch die Verwendung von künstlichen neuronalen Netzwerken lässt sich die Entwicklungszeit eines komplexen Algorithmus gegenüber der manuellen Entwicklung verringern.
- Durch die Verwendung von künstlichen neuronalen Netzen wird die Qualität der Software, gegenüber der klassischen Entwicklungsweise tendenziell schlechter.

3.3.2 Ermittlung der ökonomischen Eigenschaften

In diesem Abschnitt werden Faktoren von Software diskutiert, die in einem direkten Zusammenhang mit der Wirtschaftlichkeit dieser zusammenhängen. Dazu werden die Anforderungen an Software betrachtet. Nach [DIE07] wird in der Literatur zwischen funktionalen und nichtfunktionalen Anforderungen an Software unterschieden. Dabei soll nach [DIE07] unter funktionalen Anforderungen die anwendungsbezogenen Funktionalitäten von System oder Teilsystemen erfasst werden, während unter nicht-funktionalen Anforderungen organisatorische oder ökonomische Vorgaben für die Entwicklung verstanden werden. Dabei werden die ökonomischen Vorgaben als die Eigenschaften von Software verstanden. Anhand der ökonomischen Vorgaben an Software wird also die Qualität der Software gemessen. Nach [HRU14] lassen sich nicht-funktionale Anforderungen in Qualitätsanforderungen, Randbedingungen für das Produkt und für den Prozess sowie Management-Randbedingungen gliedern. Einige der nicht-funktionalen Anforderungen beziehen sich auf den Aufbau der grafischen Oberfläche oder hängen von der Programmiersprache ab. Diese werden in dieser Untersuchung ignoriert, da die Vorgehensweise zur Lösung eines Algorithmus nicht direkt was mit dem Aufbau einer grafischen Oberfläche zu tun hat und auch die Anforderung nach der Portabilität nicht in diesem Kontext passt. Nach [HRU14] ist eine Management-Randbedingung die Vorgaben über Zeit, Budget sowie dem Personal. Daraus lässt die Eigenschaft Aufwand für die Erstellung der Software ableiten. Die reine Entwicklung der Software ist jedoch nur der erste Schritt. Denn um aus den Anschaffungskosten auch einen Mehrwert für die Organisation generieren zu können, muss diese auch benutzt werden. Dabei sind nach [HRU14] die Anforderungen nach Effizienz, Zuverlässigkeit und Veränderbarkeit von Software auch nicht-funktionale Eigenschaften von Software. Zuverlässigkeit ist eine wichtige nicht-funktionale Anforderung der Ökonomie. Jedoch stellt sich die Frage nach der Sinnhaftigkeit von diesem Vergleich. Die Fehlerrate der manuellen Programmierung ist vom Ersteller, von der Umgebung sowie den Strukturen abhängig in denen dieser arbeitet. Ein System zu erarbeiten, dass dies berücksichtigt würde den Rahmen dieser Untersuchung sprengen. Auch auf der Seite der künstlichen neuronalen Netze ist die Bewertung einer Fehlerquote schwierig, da dies von der Art des Trainings sowie den Trainingsbeispielen abhängt, wie gut das neuronale Netz lernt das gewünschte Problem zu lösen. Es macht aber durchaus Sinn, die Qualität des errechneten Ergebnisses zu bewerten, da es bei den unterschiedlichen Lösungsansätzen sicherlich zu einer unterschiedlichen Güte der Lösung kommen kann. Die nicht-funktionale Eigenschaft Veränderbarkeit oder auch Wartbarkeit von Software, wird in dieser Untersuchung nicht weiter behandelt. Die Wartbarkeit von Software ist ohne Zweifel ein wichtiger Punkt, jedoch ist es schwierig, die Wartbarkeit von neuronalen Netzen mit Algorithmen der klassischen Entwicklung zu vergleichen, da diese, wie in Abschnitt 3.3.1 bereits erwähnt, einen Blackbox Charakter besitzen.

Zusammenfassend werden Erstellungsaufwand, Geschwindigkeit und Genauigkeit in dieser Untersuchung als ökonomische Softwareeigenschaften verstanden.

3.3.3 Wahl der Methoden

Um die Unterschiede der ökonomischen Eigenschaften von Software bei Benutzung der Vorgehensweisen zu ermitteln, müssen diese miteinander verglichen werden. Das Gegenüberstellen von allen Methoden der klassischen Entwicklung und der künstlichen neuronalen Netze würde den Umfang dieser Untersuchung aufgrund der Vielzahl der Methoden sprengen. Deshalb ist es für die klassische Entwicklung sowie für die Entwicklung mittels künstlicher neuronaler Netze nötig, die gängigste Methode auszuwählen. Wie bereits in Abschnitt 3.2.1 erwähnt, wird nach [DOS10] die Berechnung einer optimalen Lösung für das Traveling-Salesman-

Problem vorwiegend über das Branch-and-Bound-Verfahren gelöst. Das Branch-and-Bound-Verfahren steht somit stellvertretend für die klassische Entwicklung. Auf der Seite der künstlichen neuronalen Netze ist die Wahl eines geeigneten Verfahrens nicht eindeutig. Bei der Implementierung der Lösung eines Problems mittels künstlicher neuronaler Netze gibt es mehrere Modelle der Netze und verschiedene Möglichkeiten, die Netze auf eine bestimmte Lösung zu trainieren. Nach [GRA13] sind die gebräuchlichsten Methoden die Benutzung von Hopfield-Netzen, Kohonennetzen, genetische Algorithmen und Simulated Annealing. Nach [HEU13] handelt es sich bei Hopfield-Netzen um die meist referierte Methode. „[Bei den neuronalen Lösungsansätzen für das Traveling-Salesman-Problem wurden] die meisten Aufsätze [...] über den Gebrauch matrixförmiger Netze geschrieben. Es handelt sich dabei zumeist um Aufsätze, die auf der Hopfield-Topologie basieren.“, aus: [HEU13].

Dabei bezieht sich [HEU13] auf eine Auflistung von Literatur von [CHE94], die sich auf die Lösungsansätze des Traveling-Salesman-Problems mittels künstlicher neuronaler Netze bezieht. Im Wesentlichen begrenzt sich [CHE94] auf die Nutzung von Hopfield-Netzen und Boltzmann-Maschinen. Selbstorganisierte Netze werden von [CHE94] zwar erwähnt, jedoch wird nicht weiter darauf eingegangen. Er weist jedoch darauf hin, dass die Eigenschaften der selbstorganisierten Netze günstig für das Traveling-Salesman-Problem sind. [HEU13] Demnach gibt es also viele verschiedene Methoden, die für die Berechnung von Traveling-Salesman-Problemen im Bereich der künstlichen neuronalen Netze in Frage kommen. Bei der Lösung des Traveling-Salesman-Problems mittels Hopfield-Netzen liefern Hopfield und Tank, wie in Abschnitt 3.2.3.4 erwähnt, eine Energiefunktion, mit der die Netze auf ein Traveling-Salesman-Problem trainiert werden können. Bei der Boltzmann-Maschine handelt es sich um eine Erweiterung der Hopfield-Netze. Eine Alternative wäre die Benutzung von Kohonennetzen. Wie in Abschnitt 3.2.3.6 erwähnt, sind diese für unüberwachte Lernprozesse geeignet.

Da aus der Literatur keine Informationen zu einer in der Praxis häufig benutzen Methoden oder ähnliches zu finden ist und auch nicht die Möglichkeit besteht alle genannten Methoden zu bewerten, da dies den Rahmen der Untersuchung sprengen würde, wird als Vertreter der künstlichen neuronalen Netzen die am häufigste referierte Methode nach [HEU13] gewählt. Für die Messung und Bewertung der ökonomischen Eigenschaften zur Lösung des Traveling-Salesman-Problems auf der Seite der künstlichen neuronalen Netze, wird in dieser Untersuchung also ein

Hopfield-Netzwerk mit der Energiefunktion von Hopfield und Tank gewählt.

3.3.4 Hypothesenbildung

Wie in Abschnitt 3.3.1 erwähnt, vertritt diese Untersuchung die These, dass der Einsatz von künstlichen neuronalen Netzen in komplexeren Problemstellungen die Entwicklungskosten verringern kann. Im vorherigen Abschnitt wurden die Hopfield-Netze als Methode der künstlichen neuronalen Netze gewählt. Des Weiteren wurde das Branch-and-Bound-Verfahren für die klassische Entwicklung ausgewählt. Daraus leitet sich folgende logische Hypothese ab:

H1

Durch die Nutzung von Hopfield-Netzen zur Implementierung eines Traveling-Salesman-Problems verringert sich die Entwicklungszeit gegenüber der Nutzung des Branch-and-Bound-Algorithmus.

Die in Abschnitt 3.3.1 aufgestellte zweite These behauptet, dass die Softwarequalität tendenziell mit der Benutzung schlechter wird. Die in Abschnitt 3.3.2 ermittelten Softwarequalitäten sind Geschwindigkeit und Genauigkeit. Eine Begründung zur Auswirkung auf die Geschwindigkeit von künstlichen neuronalen Netzen ist bereits in Abschnitt 3.3.1 gegeben worden. Auch unter Verwendung des Hopfield-Netzes und des Branch-and-Bound-Algorithmus wird davon ausgegangen, dass diese sich entsprechend verhalten.

H2

Durch die Nutzung von Hopfield-Netzen zur Implementierung eines Traveling-Salesman-Problems verringert sich die Berechnungsgeschwindigkeit gegenüber der Nutzung des Branch-and-Bound-Algorithmus.

Eine weitere aufgestellte Hypothese ist, dass die Ergebnisse von neuronalen Netzen ungenauer werden. Diese Hypothese basiert auf der Annahme, dass Menschen sich auch irren können. Wie bereits erwähnt, wurden künstliche neuronale Netze anhand ihrer biologischen Vorbilder entwickelt. Somit liegt es nahe, dass auch künstliche neuronale Netze in der Lage sind, Fehlentscheidungen zu treffen oder ungenaue Ergebnisse zu generieren. Ein Beispiel hierfür liefern künstliche neuronale Netze, die nach [RIE15] Prognosen generieren sollen. „Komplexere Prognoseverfahren sind einfacheren nicht unbedingt überlegen. Besonders [...] Verfahren wie neuronale Netze [...] bringen nicht den Fortschritt in der Genauigkeit wie behauptet“, aus [RIE15].

H3

Durch die Nutzung von Hopfield-Netzen zur Implementierung eines Traveling-Salesman-Problems weichen die berechneten Ergebnisse weiter von dem optimalen Ergebnis ab, als bei der Nutzung des Branch-and-Bound-Algorithmus.

3.3.5 Operationalisierung

Wie bereits in Abschnitt 3.3.3 erwähnt, werden drei Eigenschaften von Software miteinander verglichen, um den ökonomischen Nutzen zu bewerten. Da diese Indikatoren vollkommen unterschiedliche Eigenschaften besitzen, sollten diese auch mit unterschiedlichen Methoden gemessen werden.

3.3.5.1 Messung des Erstellungsaufwandes

Nach [BAL10] hängt der Großteil des Aufwandes für die Erstellung einer Software von den Personalkosten ab. Die allgemeine Problematik beim Ermitteln des Aufwandes besteht darin, dass sich die Leistungsfähigkeit je nach Größe des Softwareentwicklerteams unterscheidet. Wird das Team vergrößert, kann ab einem bestimmten Punkt nicht mehr damit gerechnet werden, dass die Leistungsfähigkeit zunimmt, da der Kommunikationsaufwand steigt. Beispielsweise lässt sich die Spezifikations- und Entwurfsphase von weniger Experten schneller erledigen. [BAL10] Um eine gültige Aussage über den durchschnittlichen Aufwand für die Entwicklung einer Software treffen zu können, die ein bestimmtes Traveling-Salesman-Problem löst, müsste eine Statistik mit einer bestimmten Anzahl Teilnehmern erstellt werden und daraus der durchschnittliche Aufwand errechnet werden. Dies würde jedoch den Rahmen dieser Untersuchung sprengen.

Ein anderes Vorgehen, mit dem die Bewertung von Software möglich ist, wären Schätzverfahren, wie die Delphi-Methode oder Bewertungsverfahren, wie COCOMO II und das Function-Point-Verfahren. Mit der Delphi-Methode ist es schwierig, in einem wissenschaftlichen Kontext zu argumentieren. Es handelt sich dabei, wie in Abschnitt 3.2.5.1 erwähnt, um eine Schätzungsmethode, die von einer kleinen Gruppe von Softwareentwicklern getroffen wird. Das Ergebnis der Schätzung kann auch für diese Gruppe stimmen, dies muss jedoch nicht auf andere Entwicklungsgruppen zutreffen. Die COCOMO II-Methode besteht nach [STG13] aus einer Vielzahl von Schätzgleichungen und Produktivitätseinflussfaktoren und wurde Mitte der neunziger Jahre von Barry W. Boehm überarbeitet. Jedoch versucht dieses Verfahren, möglichst früh einen Schätzwert zu errechnen. Dies führt dazu, dass die Schätzung des Aufwandes ungenau werden kann. Auch ist die COCOMO II-Methode insofern keine Alternative, weil diese sich auf eine Erfahrungsdatenbank von vorherigen Projekten stützen. Ziel dieser Untersuchung ist jedoch eine möglichst objektive Aussage über den Aufwand treffen können. Eine Alternative wäre das Vermessen der unterschiedlichen Software-Architekturen mittels des Function-Point-Verfahrens. Nach [BAL10] wird die geplante Funktionalität aus Benutzersicht durch Function-Points bewertet. Und das ist auch schon der Punkt, der die Function-Point-Methode für diese Untersuchung unbrauchbar macht, da nur die Funktionalität aus der Benutzersicht gemessen wird. Das heißt, technische Unterschiede werden nicht berücksichtigt. Somit wäre es natürlich nicht sinnvoll, dass Funktion-Point-Verfahren auf ein Szenario anzuwenden, dass darauf basiert, unterschiedliche Architekturen zu vergleichen, da die Aufwände bei selber Aufgabenstellung aus Benutzersicht immer gleich wären.

Zusammenfassend kann gesagt werden, dass die Schätz- und Bewertungs-Methoden für dieses Vorgehen hier nicht greifen können, da diese darauf ausgelegt sind, einen Aufwands-Richtwert für die wirtschaftliche Zwecke wiederzugeben und dies möglichst bevor die Anwendung implementiert worden ist. Nach [BAL10] sind die wesentlichen Einflussfaktoren für den Aufwand eines Projektes die Quantität der Funktionalitäten, die Qualität der Software (Echtzeitanforderungen, Verfügbarkeit), Kosten der für die Entwicklung der Ressourcen zur Verfügung stehenden Ressourcen, Produktivität der Entwicklungsorganisation sowie die Entwicklungsdauer. Dabei sind die Faktoren Kosten der einzelnen Ressourcen, Produktivität der Entwicklungsorganisation sowie die Entwicklungsdauer irrelevant, da diese Faktoren von den Unternehmen abhängen, welche die Entwicklung tätigt. In dieser Untersuchung soll jedoch eine allgemeine Aussage über unterschiedliche Software-Algorithmen getroffen werden. Das heißt, die Quantität der Funktionalität sowie die Qualität der Software bestimmen den allgemeinen Aufwand eines Softwaresystems. Die einzige sich unterscheidende Anforderung an die Softwaresysteme ist dabei die technische Umsetzung.

Um im Rahmen dieser Untersuchung eine Aussage über den Aufwand eines der Systeme treffen zu können, muss also die Umsetzung der Algorithmen verglichen werden. Nach [STG13] muss für das Vergleichen von zwei Algorithmen, die das gleiche Problem lösen ein Komplexitätsmaß gewählt werden. Dabei zählt nach [SPI11] Halsteads Programming-Effort-Metrik von 1977 zur Messung des Implementierungsaufwandes zu den klassischen Komplexitätsmaßen. Trotz des relativ hohen Alters der Metrik ist nach [MOP14] die Halsteads Effort-Metrik gut zum Messen der Programmkomplexität gerüstet.

3.3.5.2 Messung der Geschwindigkeit

Die Messung der Geschwindigkeit der Software wird klassischerweise in Millisekunden gemessen. Um eine exaktere Vergleichbarkeit zu schaffen, wird die Messung jedoch in Mikrosekunden durchgeführt. Die Messung der benötigten Zeit für die Ausführung eines Algorithmus ist trivial. Die eigentliche Problematik beim Messen der Geschwindigkeit entsteht bei der Nachvollziehbarkeit des gemessenen Wertes. Es gibt viele unterschiedliche Hardware-Komponenten mit unterschiedlichen Geschwindigkeiten. Auch muss keine identische Software-Landschaft auf einem identischen Rechner gespeichert sein, somit ist eine Nachvollziehbarkeit der gemessenen Werte nahezu unmöglich. Jedoch ist der absolute Wert nicht vom eigentlichen Interesse, da das Ziel der Messung eine Vergleichbarkeit zwischen den verschiedenen Softwarealgorithmen ist. Deshalb wird diese Untersuchung mit einem relativen Wert in Bezug auf das Brute-Force-Verfahren argumentieren. Dabei ist die Zeit für die Errechnung eines Traveling-Salesman-Problems mit dem Brute-Force-Verfahren 100%. Die absoluten Werte werden nur zu Zwecken der Nachvollziehbarkeit der Berechnung der relativen Werte angegeben. Des Weiteren wird die Möglichkeit des Threading ignoriert, da es sich in dieser Untersuchung um den ausschließlichen Vergleich zweier Lösungsansätze handelt. Das Einsetzen von Threading würde die Messung der Geschwindigkeit verfälschen.

3.3.5.3 Bewertung der Ergebnisqualität

Die Qualität der generierten Lösung muss für die verschiedenen Anwendungsmöglichkeiten immer wieder neu bewertet werden, da es kein allgemeingültiges Konzept gibt, das für alle Möglichkeiten zur Bewertung des Outputs geben kann. Im Fall des Traveling-Salesman-Problems kann jedoch die Qualität des Outputs an zwei Kriterien festgemacht werden. Wie in Kapitel 3.2.1 erwähnt muss jeder Punkt einmal besucht worden sein, wenn es sich um eine valide Lösung für das Traveling-Salesman-Problem handeln soll. Außerdem kann die Lösung anhand der Distanz bestimmt werden, die zurückgelegt werden muss, um alle Punkte zu besuchen und um eine Vergleichbarkeit der Qualität herzustellen.

3.3.6 Vorgehensweise

Um die unterschiedlichen Vorgehensweisen bei der Methode zur Lösung des Traveling-Salesman-Problems in einem ökomischen Kontext vergleichbar zu machen, sollten die im vorherigen Abschnitt erarbeiteten empirischen Faktoren gemessen und miteinander verglichen werden. Die Frage mit dem sich dieser Abschnitt beschäftigt ist, wie der Aufbau eines solchen Vergleiches genau aussehen muss, um eine möglichst objektive Aussage über den Sachverhalt treffen zu können.

3.3.6.1 Vorgehen zur Messung des Erstellungsaufwandes

Um den Aufwand messen zu können, wird eine Implementierung der unterschiedlichen Software-Systeme benötigt. Diese Implementierung muss möglichst exakt sein, um ein valides Ergebnis zu errechnen. Da Methoden, die nicht erfasst werden, dem Ergebnis nicht hinzugerechnet werden können. Des Weiteren darf diese Architektur auch nicht unnötig groß sein, da dies das Ergebnis verfälschen würde. Auch beeinflusst die Software-Architektur die Laufzeiten der Programme. Anschließend kann durch Verwendung der Halstead-Effort-Metrik die Anzahl der elementaren Denkschritte ermittelt werden. Wie bereits in Abschnitt 3.2.5.4 erwähnt, herrscht keine Einigkeit in der Literatur zwischen der Definition von Operator und Operant. Deshalb wird sich diese Untersuchung an eine Definition eines Operators und Operanden für die Auszählung nach [HER01] richten. „Unter Operanden wird hier die Anzahl der Konstanten (auch Literalkonstanten) und Variablen verstanden, alles andere wird als Operator gezählt, z.B. Anweisungen, Boolesche Vergleiche, Sprungmarken und auch das Trennen von Anweisungen mittels >>;<<. Nicht gezählt werden dagegen Deklarationen", aus [HER01].

3.3.6.2 Vorgehen zur Messung der Geschwindigkeit

Um die Geschwindigkeiten der unterschiedlichen Vorgehensweisen zu ermitteln, werden mehrere Traveling-Salesman-Probleme mit unterschiedlich vielen Punkten berechnet. Die Geschwindigkeitsrelation wird wie folgt ermittelt:

$$g_{\Delta}^{Geschwindigkeitsrelation} = \frac{100}{f_X^{Brute-Force}} \cdot g_X^{Methoden-Geschwindigkeit}$$

(6)

Dabei wird, wie weiter oben erwähnt, zur Berechnung der Geschwindigkeitsrelation die Zeit der Brute-Force-Methode als 100% zur Errechnung des Traveling-Salesman-Problems gewählt. Die Messung wird mit drei bis neun Punkten je hundertmal durchgeführt. Eine Messung mit mehr Punkten durchzuführen ist sehr aufwendig, da die Dauer der Berechnung der Brute-Force-Methode sich potenziert. Eine Messung mit mehr Punkten durchzuführen ist möglich aber extrem aufwendig, da die Dauer der Berechnung der Brute-Force-Methode, wie in Kapitel 3.2.1 beschrieben, sich potenziert. Die mehrmalige Berechnung ist notwendig, um eventuelle Ausreißer zu relativieren.

3.3.6.3 Vorgehen zur Messung des Ausgabeergebnisses

Wie weiter oben erwähnt, wird die Qualität des Ergebnisses des Algorithmus anhand der errechneten Distanz des Ergebnisses bewertet.

$$d_{\Delta} = \left(\frac{d_{min}}{100} * d_x\right) - 100$$

(7)

Um einen Vergleich zwischen mehreren Algorithmen schaffen zu können, wird die Abweichung der errechneten Distanz von der minimalsten Distanz ermittelt. Dabei werden zufällig Distanzmatrizen mit Distanzen von eins bis hundert erstellt und von den Algorithmen gelöst. Die errechneten Distanzen werden anschließend mit dem optimalen Ergebnis in Relation gestellt, um die prozentuale Abweichung zu ermitteln.

3.4 Implementierung durch klassische Softwareentwicklung

Zur Implementierung eines Algorithmus zur Lösung des Traveling-Salesman-Problems gibt es viele Vorgehensweisen, die sich in der Vergangenheit bewährt haben. Wie in Abschnitt 3.3.3 erklärt, wird als Vertreter für die klassische Entwicklung das Branch-and-Bound-Verfahren gewählt.

3.4.1 Planung des Algorithmus

Die Software-Architektur des Branch-and-Bound-Verfahrens wird in drei Klassen aufgeteilt. Diese wurden als Klassendiagramm in Abbildung 10 dargestellt. Dabei repräsentiert die Klasse `CMatrix` eine Distanzmatrix, die alle Funktionalitäten zum Manipulieren des späteren Objektes beherbergt. Die benötigten Funktionalitäten sind:

- `CalculateColumnMinimization` - führt eine Spalten-Minimierung der Matrix durch
- `CalculateRowMinimization` - führt eine Zeilen-Minimierung der Matrix durch
- `Get` - gibt den Wert der Matrix an der Position X und Y zurück
- `SetInfinity` - setzt alle Spalten und Zeilen eines Punktes auf unendlich
- `Clone` - erstellt eine Kopie der Matrix

Die Klasse `CTspResult` wird primär dazu genutzt, das Ergebnis eines Zweiges zurückzugeben. Die Attribute dieser Klasse sind die untere Schranke des Zweiges sowie eine Liste mit der bisherigen Route in diesem Zweig. Bei `CBranchAndBoundAlg` handelt es sich um eine Klasse, die Instanzen von sich selbst als Kinder erstellt. Dadurch kommt die Verzweigung der einzelnen Wege zustande. Es werden zwei Konstruktoren in der Klasse zur Verfügung gestellt. Einer ist dazu gedacht, um ein `CBranchAndBoundAlg`-Objekt von außen als Wurzelelement zu erstellen. Der benutze Zweig des Wurzelelements ist dabei immer der erste Punkt in der Traveling-Salesman-Matrix. Der andere Konstruktor ist zur Erstellung der Kind-Elemente angedacht. Da diese Informationen über den derzeitigen Fortschritt der Lösung des Problems benötigen, gibt es entsprechend viele Parameter in diesem Konstruktor.

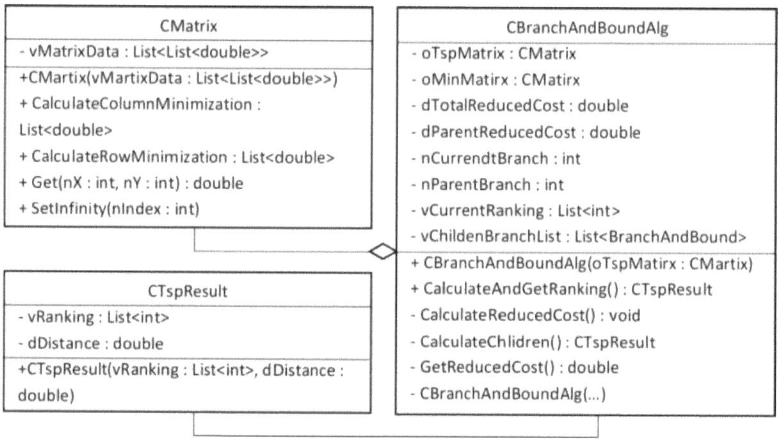

Abbildung 24 Darstellung eines Branch-and-Bound-Algorithmus als Klassendiagramm

Um den Algorithmus (von außen) zu benutzen, muss nur das Wurzelelement erstellt werden und die Funktion `CalculateAndGetRanking` mit der entsprechenden Traveling-Salesman-Matrix aufgerufen werden. Daraufhin wird über die Funktionen von `CMatrix` eine reduzierte Kostenmatrix für das Wurzelelement errechnet. Anschließend werden die Kind-Elemente erzeugt und über Rekursion die reduzierte Kostenmatrix der Kind-Elemente erstellt. Wichtig sind hier die Funktionen `CalculateReducedCost`, die die absolut reduzierten Kosten errechnet und `CalculateChildren`, die die Kind-Elemente erstellt. Die Rekursion wird in `CalculateChildren` abgebrochen, wenn die Anzahl der Hierarchien genau so groß ist, wie die Anzahl der Spalten in der Matrix.

3.4.2 Ermittlung der ökonomischen Faktoren

In diesem Abschnitt werden die ökomischen Eigenschaften präsentiert, die bei der Berechnung einer Lösung des Traveling-Salesman-Problems mit unterschiedlichen Komplexitätsgraden gemessen wurden.

Gesamtzahl verwendeter Operatoren	**Gesamtzahl verwendeter Operanten**	**Anzahl gleicher Operatoren**	**Anzahl gleicher Operanten**	**Anzahl gleicher Tokens**
N1	N2	n1	n2	n
426	300	47	56	103

Tabelle 14 Auflistung der ausgezählten Variablen für die Bewertung des Aufwandes für die klassische Entwicklung nach Halstead

Nach der Auszählung der Werte aus dem entwickelten Branch-and-Bound-Algorithmus ergeben sich die in Tabelle 14 angegebenen Werte. Die Kriterien, nach denen die Auszählung durchgeführt worden ist, lassen sich in Abschnitt 3.3.5.1 finden. Nach Einsetzen der Werte sieht die in Abschnitt 3. 3.5.4 erläuterte Halstead-Effort-Formel wie folgt aus:

Nach der Auszählung der Werte aus dem entwickelten Branch-and-Bound-Algorithmus ergeben sich die in Tabelle 14 angegebenen Werte. Die Kriterien, nach denen die Auszählung durchgeführt worden ist, lassen sich in Abschnitt 3.3.5.1 finden. Nach Einsetzen der Werte sieht die in Abschnitt 3.2.5.4 erläuterte Halstead-Effort-Formel wie folgt aus:

$$E_{\substack{elementary\\mental\\discriminations}} = \frac{47 \cdot 300 \cdot 426 \cdot log_2(103)}{2 \cdot 56} \tag{8}$$

Nach Auflösung des Gleichungssystems ergibt sich als Aufwand für die Erstellung von dem verwendeten Branch-and-Bound-Algorithmus ein Ergebnis von 358.599,411 elementaren Denkschritten. Die Tabelle 15 stellt die durchschnittlichen Geschwindigkeiten des Branch-and-Bound-Algorithmus mit den Zeiten der Brute-Force-Methode gegenüber. Dabei kann beobachtet werden wie stark die Zeit des Brute-Force-Verfahrens bei einem steigenden Komplexitätsmaß zunimmt. In Relation dazu steigt die Zeit des Branch-and-Bound-Verfahrens nahezu gar nicht.

Anzahl der Punkte des Problems	**Durchschnittliche Brute-Force-Zeit**	**Durchschnittliche Zeit einer Branch-and-Bound- Berechnung**	**Relation Branch-and- Bound zu Brute-Force**
3	28,41 µs	8,57 µs	30,16543 %
4	253,82 µs	15,02 µs	5,91758 %
5	3.539,08 µs	30,80 µs	0,87028 %
6	59.783,65 µs	52,05 µs	0,08706 %
7	1.258.847,30 µs	78,71 µs	0,00625 %
8	29.026.056,26 µs	121,62 µs	0,00042 %
9	773.366.069,85 µs	163,55 µs	0,00002 %

Tabelle 15 Durchschnittlich gemessene Zeiten für die Lösung des Traveling-Salesman-Problems mittels Branch-and-Bound, gegenüber den Zeiten der Brute-Force-Methode

In Tabelle 16 wurden die durchschnittlichen Abweichungen von dem Minimalergebnis, bei unterschiedlichen Komplexitäten des Traveling-Salesman-Problems aufgelistet.

Anzahl der Punkte des Problems	**Durchschnittliche Abweichung vom optimal Ergebnis**
3	7,34 %
4	14,74 %
5	22,70 %
6	38,02 %
7	37,13 %
8	38,91 %
9	41,65 %

Tabelle 16 Durchschnittliche Abweichung vom optimalen Ergebnis bei der Berechnung des Traveling-Salesman-Problems mittels Branch-and-Bound-Verfahrens

3.5 Implementierung unter Einsatz von künstlichen neuronalen Netzen

Eine Implementierung zur Lösung des Traveling-Salesman-Problems mittels Hopfield-Netzen sowie der von Hopfield und Tank entwickelten Energiefunktion wurde bereits von [GRA13] getätigt. Es liegt deshalb nahe, diese Implementierung zur Bewertung von diesem Verfahren zu wählen. Der Algorithmus ist in der Programmiersprache C++ geschrieben. Um eine Vergleichbarkeit mit dem Algorithmus der klassischen Entwicklung herzustellen, muss dieser allerdings nach C# konvertiert werden.

3.5.1 Funktionsweise von Graupes Hopfield-Algorithmus

Der originale Algorithmus von [GRA13] generiert eine zufällige Traveling-Salesman-Matrix und löst diese durch den Einsatz von Hopfield-Netzen.

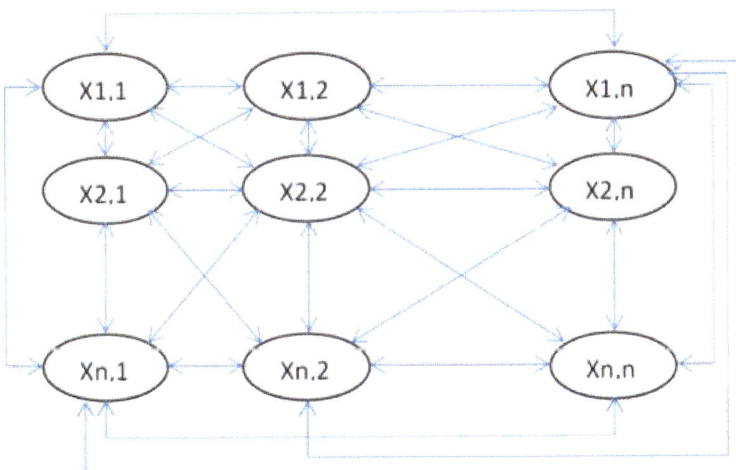

Abbildung 25 Skizze eines Hopfield-Netzwerkes für die Lösung des Traveling-Salesman-Problems (vgl. [GRA13], 7.B.1)

Zur Ermittlung des Minimums wird Hopfield und Tanks Energiefunktion benutzt. Diese wird in Abschnitt 3.2.3.4 genauer erklärt.

Das Hopfield-Netzwerk besitzt bei einem Traveling-Salesman-Problem von n Punkten n^2 Neuronen. Wie bei Hopfield-Netzwerken üblich sind alle Neuronen mit allen anderen Neuronen verbunden. Die Neuronen haben eine Schwellen- und Stufenfunktion. [GRA13] In Abbildung 25 wurden einige Verknüpfungen der Übersichtlichkeit wegen weggelassen. Im Prinzip kann dem Algorithmus von Graupe drei Phasen entnommen werden:

1. Initialisierung des Netzwerkes
2. Trainieren des Netzwerkes
3. Errechnung der Lösung

Bei der Initialisierung des Netzwerkes geht es primär um das Errechnen der Gewichte des Hopfield-Netzes. Dies geschieht mit der in Abschnitt 3.5.1.2 erklärten Funktion. Dabei wird bei der Berechnung der Gewichte des neuronalen Netzes die Distanzmatrix mit berücksichtigt. Im Anschluss wird dem Netz ein zufälliger Input zugeführt. Dies wird in Abschnitt 3.5.1.6 genauerer erklärt. Darauf folgt die Trainingsphase, bei der das Hopfield-Netzwerk solange den Output des Netzes berechnet bis die Energiefunktion das Minimum oder die maximale Anzahl der Iterationen erreicht hat. Diese wird in Abschnitt 3.5.1.3 genauer erörtert. Als nächstes wird über die Funktionen "`FindTour`" und "`CalcDist`" die Tour und Distanz aus der Ausgabe der Neuronen errechnet.

Grundsätzlich gibt es vier Variablen die sich in der Implementierung von [GRA13] an verschiedenen Stellen des Quellcodes immer wiederfinden lassen. Die Variablen dieser Funktion werden von [GRA13] wie folgt belegt:

- A = 0,5
- B = 0,5
- C = 0,2
- D = 0,5

Die Variablen A, B, C und D sind positive Zahlen und haben Einfluss auf die Performance des Algorithmus. [GRA13]

3.5.1.1 Aufbau der Distanzmatrix

In den folgenden Abschnitten werden mehrere Formeln mit der Variable d_{ij} erscheinen. Dabei ist nach [GRA13] ein Wert in der Distanzmatrix gemeint.

	C1	C2	C3	C4
C1	0	10	18	15
C2	10	0	13	26
C3	18	13	0	23
C4	15	26	23	0

Abbildung 26 Darstellung der Input-Matrix für vier Punkte (vgl. [GRA13], 7.B.3)

Die Distanzmatrix ist n^2, wenn die Anzahl der Punkte des Traveling-Salesman-Problems n entspricht. Dabei wird die Distanz von einem Punkt zu sich selbst, mit null dotiert. [GRA13]

3.5.1.2 Initialisierung der Gewichte

Bereits erwähnt wurde, dass es sich bei dem Netzwerk um eine Größe von n^2 Neuronen handelt. Da es sich um ein Hopfield-Netzwerk handelt, bei dem jedes Neuron mit jedem anderen Neuron verbunden ist entspricht die Anzahl der Verbindungen $n^2 * n^2$ Synapsen. [GRA13]

$$\delta_{kj} = \begin{Bmatrix} 1 & i = k \\ 0 & i \neq k \end{Bmatrix} \tag{9}$$

$$W_{ik,lj} = -A\delta_{il}(1 - \delta_{kj}) - B\delta_{kj}(1 - \delta_{jl}) - C - Dd_{jl}(\delta_{j,k+1} + \delta_{j,k-1}) \tag{10}$$

Durch diese Formel lassen sich Gewichte der Verbindungen errechnen, um eine gültige und minimale Route für ein Traveling-Salesman-Problem zu generieren. Dabei wurde die Kronecker-Delta-Funktion mit einem δ-Zeichen abgekürzt. [GRA13]

3.5.1.3 Die Energiefunktion

Die Energiefunktion die [GRA13] in dem Quellcode benutzt, wurde von Hopfield und Tank entwickelt:

$$E = A\sum_i \sum_k \sum_{j\neq k} X_{ik}X_{ij} + B\sum_i \sum_k \sum_{j\neq k} X_{ik}X_{ji} + C\left[\left(\sum_i \sum_k X_{ik}\right) - n\right]^2 + D\sum_k \sum_{j\neq k} \sum_i d_{kj}X_{ki}\left(X_{j,i+1} + X_{j,i-1}\right) \tag{11}$$

Die Variable X_{ij} entspricht der Ausgabe des Neurons an der Stelle i und j. [GRA13] Nach dem Quellecode von [GRA13] prüft diese Funktion in der Trainingsphase, ob die vergangen Iterationen ausreichen, um das Traveling-Salesman-Problem zu lösen.

Dabei nennt sich der Term $(A\,\Sigma_i\,\Sigma_k\,\Sigma_{j\neq k}\,X_{ik}\,X_{ij})$ Zeilenbeschränkung. Das Ergebnis von diesem Term soll null sein, wenn in jeder Zeile nur eine eins vorhanden ist. Dies soll verhindern, dass mehrere Punkte auf derselben Reihenfolgen-Position bereist werden. Der Term $(B\Sigma_i\Sigma_k\Sigma_{j\neq k}X_{ik}X_{ji})$ ist die Spaltenbeschränkung. Dieser Term ist gleich null, wenn in jeder Spalte nur eine eins vorhanden ist. Dadurch soll bewirkt werden, dass jeder Punkt nur einmal bereist wird. Der dritte Term $(C\,[\Sigma_i\,\Sigma_k\,X_{ik}) - n\,]^2)$ soll dafür sorgen, dass alle Einsen in dem Output des Netzes der Anzahl der zu bereisenden Punkte entspricht. Die kürzeste Distanzen-Beschränkung $(D\,\Sigma_k\,\Sigma_{j\neq k}\,\Sigma_i\,d_{kj}\,X_{ki}\,(X_{j,i+1} + X_{j,i-1}))$ sorgt dafür, dass die Entfernung zwischen den Punkten möglichst kurz gewählt wird. Dabei ist d_{kj} die Distanz zwischen dem Punkt k und dem Punkt j. Dabei ist es wichtig, welcher Wert für die Variable D gewählt wird. Ist der Wert für D sehr klein, dauert es sehr lange, bis das künstliche neuronale Netz gelernt hat, eine Lösung nahe dem Optimum zu finden. Dafür können Ergebnisse besser sein. Ist der Wert für D sehr groß, geht das Trainieren des Netzes sehr schnell, das Ergebnis kann jedoch weiter von dem Optimum abweichen. [GRA13]

3.5.1.4 Aktivitätsfunktion

Um einen gültige Reihenfolge der Punkte zu errechnen, ist die Aktivierungsfunktion nach [GRA13] folgende:

$$a_{ij} = \Delta t(T_1 + T_2 + T_3 + T_4 + T_5) \tag{12}$$

$$T_1 = -a_{ij}/\tau \tag{13}$$

$$T_2 = -A\sum_{i} X_{ik} \tag{14}$$

$$T_3 = -B\sum_{i} X_{ik} \tag{15}$$

$$T_4 = -C\left(\sum_{i}\sum_{k}\sum_{ik} -m\right) \tag{16}$$

$$T_5 = -D\sum_{k} d_{ik}\left(X_{k,j+1} + X_{k,j-1}\right) \tag{17}$$

Dabei ist a_{ij} die Aktivität des Neurons an der Stelle i und j. Außerdem steht X_{ij} für den Output des Neurons an der Stelle i und j. Die Variable τ steht für eine Zeitkonstante. Diese wurde auf eins festgelegt. Durch die Teilung der Variable a_{ij}, die den derzeitigen Aktivitätswert repräsentiert, kann hier also eine Abschwächung oder Stärkung des älteren Aktivitätswertes für jede Iteration des Algorithmus vorgenommen werden. Der Variablen m wurde der Wert fünfzehn zugewiesen. Die Terme zwei bis fünf sind Beschränkungen, um eine gültige Tour zu generieren. [GRA13] Die Variable m wurde nicht weiter erläutert. Es handelt sich nach [GRA13], um einen „weiteren Parameter" mit dem Wert fünfzehn. Diese Variable m wird von [GRA13] noch im Zusammenhang mit den Variablen A, B, C, D, λ und τ

genannt. Nach [GRA13] sei die Wahl dieser Variablen eine große Herausforderung. Die beste Alternative sei es, diese Parameter über Try-and-Error herauszufinden. Auch eine nähere Erläuterung der Variablen d_{jk} und Δt sowie die Funktionsweise der einzelnen Terme konnte in [GRA13] nicht gefunden werden. Aus dem Quellcode von [GRA13] geht jedoch hervor, dass Δt mit einem Wert von 0,01 belegt worden ist. Außerdem ist der Wert d_{jk} nach dem Quellcode von [GRA13] ein Wert aus der Distanzmatrix.

3.5.1.5 Ausgabefunktion der Neuronen

Um den Output des Hopfield-Netzes zu ermitteln, benötigt jedes Neuron eine Ausgabefunktion, die den Input verarbeitet. Nach [GRA13] gilt folgende Funktion:

$$X_{ij} = \left(1 + tanh\left(\lambda a_{ij}\right)\right)/2$$

(18)

Dabei ist X_{ij} die Ausgabe des Neurons. Die Variable λ wirkt als Steigerungsparameter. Der hinterlegte Wert wurde als 3 festgelegt. [GRA13] Die Variable a_{ij} ist der derzeitige Aktivitätswert des Neurons. Die Ausgabe des Neurons wird über die Tangens-Hyperbolicus-Funktion ausgerechnet. Diese errechnet jedoch Werte zwischen -1 und 1. Damit diese Funktion Werte zwischen 0 und 1 errechnet, addiert [GRA13] den Wert 1 hinzu und teilt die Summe durch 2. Unklar bleibt, warum Graupe nicht die Sigmoid-Funktion benutzt hat. Dies hängt wahrscheinlich mit der Berechnungsgeschwindigkeit zusammen.

	#1	#2	#3	#4
C1	0	0	1	0
C2	1	0	0	0
C3	0	1	0	0
C4	0	0	0	1

Abbildung 27 Darstellung der Output-Matrix für vier Punkte (vgl. [GRA13] 7.B.2)

Im Idealfall wird von dieser Funktion der Wert null oder eins erwartet. Die Tangens-Hyperbolicus-Funktion gibt jedoch eine reelle Zahl zurück, z.B. 0,956 anstatt von 1 oder 0,0078 anstand von 0. Die Ausgabe erfolgt als Ranking. Dabei wird als Ausgabe eine Matrix erwartet, bei der die Spalten der zu erreichenden Punkte und die Zeilen die Reihenfolge dieser beschreibt. [GRA13]

3.5.1.6 Input des Netzes

Das neuronale Netz hängt sich bei der Berechnung des Outputs manchmal bei dem lokalen Minimum auf und gibt diesen zurück. Um dies zu verhindern wird als Input des Netzes ein "Rauschen" hinterlegt. [GRA13] Nach dem Quellcode von [GRA13] besteht der Input des Netzes also für jedes Neuron aus einer kleineren zufälligen negativen Zahl. Werden nun die Eingaben des Benutzers, also die Distanzmatrix und die Anzahl der Punkte, mit der Ausgabe, also die Reihenfolge der Punkte, miteinander verglichen so kann festgehalten werden, dass durch den zufällig generierten Inputwert, der Output immer ein anderes lokales Minimum darstellen kann. Nach [GRA13] handelt sich also um einen nicht deterministischen Algorithmus.

3.5.1.7 Konvertierung von Graupes Algorithmus nach C#

Allerdings ist dem Autor des Elaborates bei der Portierung des Quellcodes von C++ nach C# aufgefallen, dass es mehrere unnötige Variablen in der Ursprungsklasse `TSP_NW` gibt. Der Member „`tnrn`", der ein zweidimensionales Array mit Objekten der Klasse „`neuron`" beinhaltet, wird erstellt und die Objekte werden auch gesetzt, allerdings werden diese in dem Algorithmus gar nicht mehr benötigt. Auch die Variable „`tourcity`" wird nach dem Füllen der Liste nicht mehr benutzt. Sie sind also für die Ausführung des Algorithmus unnötig und wurden bei der Portierung in die C# Version entfernt, da diese das Ergebnis verwässern würden.

3.5.2 Ermittlung der ökonomischen Faktoren

In diesem Abschnitt werden die gemessenen Eigenschaften der Hopfield-Netze bei der Lösung von mehreren Traveling-Salesman-Problemen mit unterschiedlichen Komplexitätsgraden präsentiert. Um den Aufwand für die Erstellung nach Halstead zu messen, werden Werte für die Variablen

n_1, n_2, N_1 und N_2 ermittelt. Wie in Abschnitt 3.2.5.4 beschrieben, lassen diese sich aus dem Quellcode auszählen

Gesamtzahl verwendeter Operatoren N_1	Gesamtzahl verwendeter Operanten N_2	Anzahl gleicher Operatoren n_1	Anzahl gleicher Operanten n_2	Anzahl gleicher Tokens n
626	577	36	65	101

Tabelle 17 Auflistung der ausgezählten Variablen für die Bewertung des Aufwandes für die Entwicklung mittels künstlicher neuronaler Netze nach Halstead

Um die Anzahl der elementaren Denkschritte zu ermitteln, werden die Variablen durch die ermittelten Werte in die Halstead-Effort-Formel eingesetzt:

$$E_{\substack{elementary\\mental\\discriminations}} = \frac{36 \cdot 577 \cdot 626 \cdot log_2(101)}{2 \cdot 65} \tag{19}$$

Nach Auflösung der Gleichung wird ein Ergebnis von 665.988,73 elementaren Denkschritten für eine Implementierung des Hopfield-Netzes zur Lösung des Traveling-Salesman-Problems erhalten. Tabelle 18 stellt die durchschnittliche Zeit dar, die benötigt wurde, um eine Lösung für das Traveling-Salesman-Problem zu berechnen. Bei einem Komplexitätsgrad von drei oder vier Punkten, überstieg diese Zeit die Berechnungszeit, die für die Lösung mittels der Brute-Force-Methode benötigt wurde. Ab einem Komplexitätsmaß von fünf Punkten wird die durchschnittliche Zeit, die benötigt wurde, um das Problem zu lösen, geringer als die Zeit der Brute-Force-Methode.

Anzahl der Punkte	Durchschnittliche Brute-Force-Zeit	Durchschnittliche Zeit einer Hopfield-Berechnung	Durchschnittliche Hopfield-Zeit in Relation zur Brute-Force-Zeit (%)
3	28,41 µs	1.028,99 µs	3.621,92890 %
4	253,82 µs	1.550,05 µs	610,66468 %
5	3.539,08 µs	2.800,01 µs	79,11681 %

Anzahl der Punkte	Durchschnittliche Brute-Force-Zeit	Durchschnittliche Zeit einer Hopfield-Berechnung	Durchschnittliche Hopfield-Zeit in Relation zur Brute-Force-Zeit (%)
6	59.783,65 µs	4.988,70 µs	8,34459 %
7	1.258.847,30 µs	8.936,00 µs	0,70986 %
8	29.026.056,26 µs	14.336,36 µs	0,04939 %
9	773.366.069,85 µs	17.438,86 µs	0,00225 %

Tabelle 18 Durchschnittlich gemessene Zeiten für die Lösung des Traveling-Salesman-Problems mittels Hopfield-Netze, gegenüber den Zeiten der Brute-Force-Methode

In Tabelle 19 wird die durchschnittliche Abweichung der von den Hopfield-Netzen errechneten Distanzen vom dem optimalen Ergebnis dargestellt.

Anzahl der Punkte	Durchschnittliche Abweichung vom optimalen Ergebnis
3	56,65 %
4	56,39 %
5	88,43 %
6	140,04 %
7	170,62 %
8	188,92 %
9	212,51 %

Tabelle 19 Durchschnittliche Abweichung vom optimalen Ergebnis bei der Berechnung des Traveling-Salesman-Problems mittels Hopfield-Netzen

Dabei ist bei einem steigenden Komplexitätsmaß zu beobachten, wie die Abweichung ab einer Komplexität von vier Punkten deutlich zunimmt. Bei einer Komplexität zwischen drei bis vier Punkten bleibt die Abweichung von dem optimalen Ergebnis jedoch fast konstant.

3.6 Auswertung

In diesem Kapitel werden die Ergebnisse der ökonomischen Eigenschaften der unterschiedlichen Vorgehensweisen gegenübergestellt. Im Anschluss der Gegenüberstellung findet eine kurze Diskussion der Ergebnisse statt.

3.6.1 Betrachtung der Versuchsergebnisse

In diesem Abschnitt werden die ökonomischen Eigenschaften der verschiedenen Algorithmen gegenübergestellt.

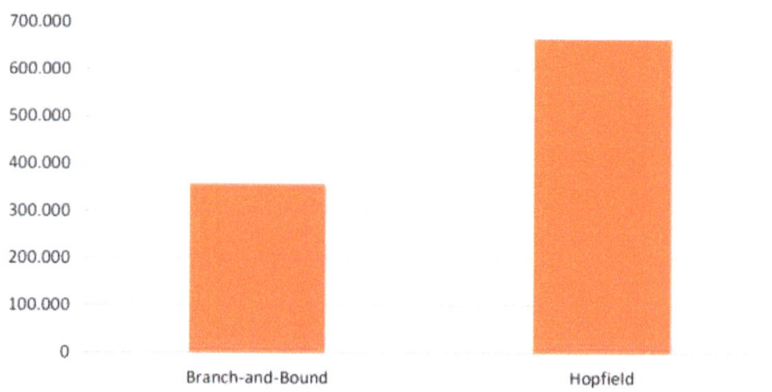

Abbildung 28 Gegenüberstellung des bewerteten Aufwandes nach Halstead-Effort-Metrik. Gemessen in elementaren Denkschritten

Werden die mittels der Halstead-Effort-Metrik gemessenen Aufwände aus Abschnitt 3.4.2.1 und 3.5.2.1 miteinander verglichen wird festgestellt, dass der Aufwand des Hopfield-Verfahrens, den Aufwand des Branch-and-Bound-Verfahrens übersteigt. Dabei ist der Aufwand für die Implementierung eines Hopfield-Algorithmus gegenüber dem Branch-and-Bound-Algorithmus zur Lösung des Traveling-Salesman-Problems, um den Faktor 1,86 größer.

Damit ist eine Hopfield-Implementierung fast um das Doppelte größer. Bei dem Vergleichen der Geschwindigkeiten des Hopfield-Algorithmus und des Branch-and-Bound-Algorithmus bei unterschiedlich komplexen Traveling-Salesman-Problemen ist festzustellen, dass bei einer Anzahl bis fünf Punkten eine Berechnung mittels des Hopfield-Algorithmus langsamer ist, als die Berechnung mittels Brute-Force.

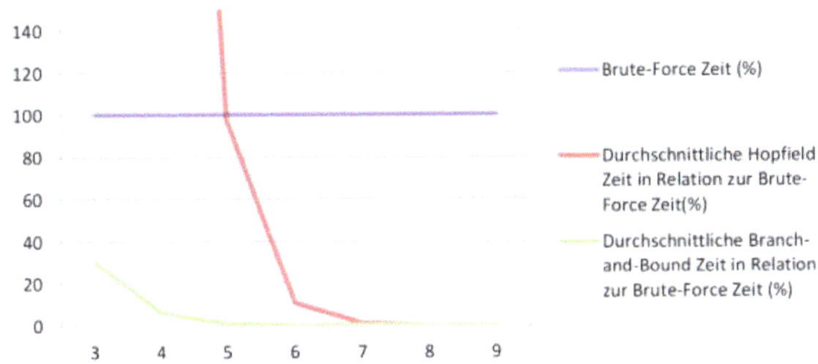

Abbildung 29 Gegenüberstellung der gemessenen Geschwindigkeit in Relation zur benötigten Berechnungszeit der Brute-Force-Methode

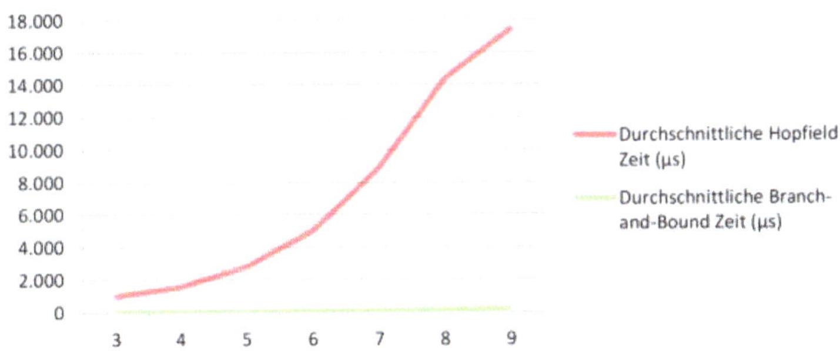

Abbildung 30 Gegenüberstellung der gemessenen Geschwindigkeit

Bei komplexeren Traveling-Salesman-Problemen ist die Berechnung mit Hopfield-Netzen deutlich schneller als die Brute-Force-Methode. Bei Traveling-Salesman-Problemen mit sieben Punkten liegt Hopfield nach Abbildung 29 fast gleichauf. Dies hat jedoch nur aufgrund der Skalierung diesen Anschein.

Abbildung 30 stellt die Geschwindigkeiten der Hopfield- und Branch-and-Bound-Methode in µs gegenüber. In dieser Grafik wird deutlich, wie langsam die Hopfield-Methode gegenüber dem Branch-and-Bound-Algorithmus ist. Bei komplexeren Traveling-Salesman-Problemen ist die

Berechnung mit Hopfield-Netzen deutlich schneller als die Brute-Force-Methode. Die Abbildung 31 zeigt die durchschnittliche Abweichung vom dem optimalen Ergebnis der unterschiedlichen Algorithmen. Dabei ist zu erkennen, dass die Ergebnisse der Hopfield-Methode deutlich weiter von dem optimalen Ergebnis abweichen als die Branch-and-Bound-Methode.

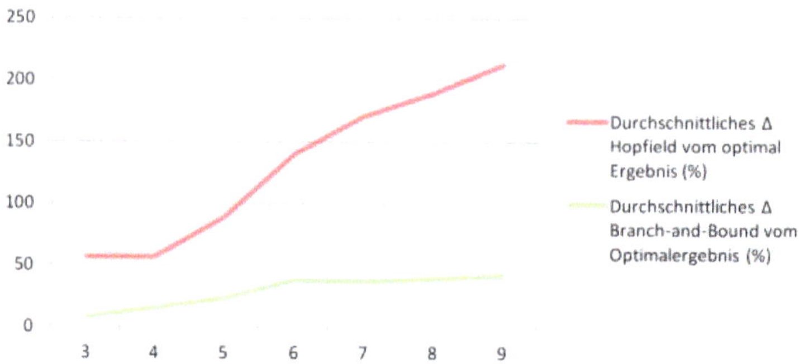

Abbildung 31 Gegenüberstellung der errechneten Ergebnisse in Relation zum optimalen Ergebnis

Die Abweichungen vom dem optimalen Ergebnis der Hopfield-Methode, steigen mit zunehmender Komplexität der Traveling-Salesman-Probleme deutlich an. Bei dem Branch-and-Bound-Algorithmus ist auch ein Anstieg der Abweichungen zu beobachten. Jedoch nicht so stark, wie bei der Benutzung der Hopfield-Netze.

3.6.2 Prüfung der Hypothesen

Nach der Betrachtung der empirischen Ergebnisse in Abschnitt 3.6.1.1 bis 3.6.1.3 werden in diesem Abschnitt die Hypothesen auf ihre Gültigkeit geprüft. Abschnitt 3.6.1.1 stellte dabei die Aufwände der Implementierung eines Hopfield-Netzes und eines Branch-and-Bound-Algorithmus zur Lösung des Traveling-Salesman-Problems gegenüber. Dabei war der Aufwand zur Entwicklung eines Hopfield-Netzes nach Halstead fast um das Doppelte größer. Somit hat sich die Hypothese H1 nicht bewahrheitet. Diese besagt, dass der Aufwand einer Implementierung eines Hopfield-Netzes zur Lösung des Traveling-Salesman-Problems geringer sein muss, da nach diesen Daten der Aufwand für eine Branch-and-Bound-Implementierung nach Halstead geringer ist. In Abschnitt 3.6.1.2 wurden die durchschnittlichen Geschwindigkeiten der beiden Implementierungen gegenübergestellt. Dabei ist die Implementierung der Hopfield-Netze bei keiner Komplexitätsgröße schneller gewesen, als der Vertreter der klassischen Entwicklung. Somit bewahrheitet sich H2, die aussagt, dass sich die Berechnungsgeschwindigkeit unter Verwendung von Hopfield-Netzen verringert. Die Qualität der berechneten Ergebnisse wurde in Abschnitt 3.6.1.3 gegenübergestellt. Hierbei ergaben sich für den Branch-and-Bound-Algorithmus für alle Komplexitätsgrößen durchschnittliche Abweichungen von dem optimalen Ergebnis unter 50%. Bei dem Vertreter der künstlichen neuronalen Netze hingegen, ergaben sich ausschließlich durchschnittliche Abweichungen von über 50% bei allen Komplexitätsgrößen. Somit gilt H3 auch als bewahrheitet, da die Ergebnisse des Hopfield-Netzes immer schlechter sind, als die des Branch-and-Bound-Algorithmus.

3.6.3 Diskussion

Nach Auswertung der gemessenen Daten sowie der Prüfung der Hypothesen ist der Autor überrascht, dass die Implementierung eines Hopfield-Netzes mehr Aufwand bedeutet, als die Implementierung eines Branch-and-Bound-Algorithmus. Dieses Resultat überrascht nicht nur aufgrund der These den Autor, sondern auch aufgrund des Quellcodes. Der Code zur Implementierung des Branch-and-Bound-Algorithmus ist größer, als der des Hopfield-Netzes. Es scheint so, als sei eine Implementierung nach Hopfield komplexer. Die Länge des Quellcodes des Branch-and-Bound-Verfahrens erklärt sich der Autor damit, dass die Implementierung aus mehr als nur einer Klasse besteht. Da wie in Abschnitt 3.3.6.1 bei der Zählung der Operatoren und Operanden die Deklarationen nicht mitgezählt wurden, konnten diese nicht in die Gesamtzahl der elementaren Denkschritte mit einberechnet werden. Dieses Vorgehen scheint dem Autor jedoch auch plausibel, da jeder objektorientierter Entwurf verschieden gestaltet werden kann und damit derselbe Algorithmus völlig unterschiedliche Anzahl an Operatoren und Operanden ausgewählt werden würde. Ein großer Kritikpunkt des Hopfield-Verfahrens ist auch, dass viele Parameter zur Konfiguration nach [GRA13] benötigt werden, um den Algorithmus abzustimmen. Zusammenfassend scheint eine Implementierung nach Hopfield nicht das geeignete Verfahren zu sein, um Lösungen für das Traveling-Salesman-Problem zu generieren. Der Aufwand einer Implementierung nach Hopfield ist fast doppelt so hoch, wie der eines Branch-and-Bound-Algorithmus. Allerdings wurden die Konfigurationsparameter nach [GRA13] gewählt. Eventuell kann mit anderen Parametern bessere Ergebnisse erzielt werden. Dies kann Grundlage für weiterführende Forschungen sein. Hinzu kommt noch die Tatsache, dass Geschwindigkeit und Qualität des Ergebnisses schlechter ist, als die des Branch-and-Bound-Verfahrens. Die erste Forschungsfrage dieser Untersuchung war, ob sich der Aufwand von komplexeren Problemstellungen, wie z.B. das Traveling-Salesman-Problem mittels künstlichen neuronalen Netzen verringern lässt. Die erarbeitete Antwort ist, dass sich mit Hopfield-Netzen keine Verringerung des Aufwandes für das Traveling-Salesman-Problem gegenüber den klassischen Entwicklungsmethoden erreichen lässt. Die zweite Forschungsfrage dieser Untersuchung war, wie die Benutzung der künstlichen neuronalen Netze die Qualität von Software beeinflusst.

Die Antwort, die in dieser Untersuchung erarbeitet wurde, lautet, dass die Benutzung von Hopfield-Netzen die Qualität der Software negativ beeinflusst. Diese Antwort resultiert aus den Messungen der Geschwindigkeit sowie der Qualität der generierten Lösungen. Ein Kritikpunkt an dieser Untersuchung ist, dass diese nur die Forschungsfragen in Bezug auf Hopfield beantworten kann, dabei gibt es noch andere Methoden der künstlichen neuronalen Netze. Ein Ansatz für weitergehende Forschungen wäre, ob ein anderes Verfahren der künstlichen neuronalen Netze, wie z.B. die Kohonennetze den Aufwand für die Lösung des Traveling-Salesman-Problems senken kann.

3.7 Fazit und Ausblick

Es wurde untersucht, ob durch den Einsatz von künstlichen neuronalen Netzen zur Lösung des Traveling-Salesman-Problems der Implementierungsaufwand gegenüber der klassischen Entwicklung gesenkt werden kann. Dabei wurde gemessen, dass der Aufwand einer Implementierung eines Hopfield-Netzes größer ist, als eine Implementierung des Branch-and-Bound-Verfahrens. Dabei konnte die Hypothese, dass eine Implementierung mit Hopfield-Netzen weniger Aufwand ist, als eine Implementierung des Branch-and-Bound-Verfahrens aufgrund dieser Messung nicht gehalten werden. Des Weiteren wurden die Auswirkungen einer Implementierung von künstlichen neuronalen Netzen auf die Softwarequalität gemessen. Dabei wurde eine Verschlechterung der Softwarequalität der Attribute Berechnungsgeschwindigkeit sowie der Ergebnisqualität beobachtet. Die Hypothesen, dass sich die Berechnungsgeschwindigkeit und die Ergebnisqualität unter Einsatz von Hopfield-Netzen verschlechtern, konnte also bewiesen werden. In dieser Untersuchung konnte nicht empirisch belegt werden, ob die aufgestellten Thesen mit anderen Modellen der künstlichen neuronalen Netze gültig sind. Des Weiteren könnte es durchaus möglich sein, mit der Wahl von anderen Parametern für die Ausführung eines Hopfield-Netzes, ein abweichendes Verhalten zu generieren. Diese können Grundlage für weitergehende Forschungen sein.

3.8 Literaturverzeichnis

Printquellen

[ABR10] Alain Abran (2010); Software Metrics and Software Metrology; John Wiley & Sons; Kapitel: 7.3.1 - 7.3.3

[BAL10] Helmut Balzert (2010); Lehrbuch der Softwaretechnik: Basiskonzepte und Requirements Engineering; Springer-Verlag; S. 518, S. 515-516, S. 518-519, S. 523 ff., S. 527 ff., S. 536-539

[BAS05] S. K. Basu (2005); Design Methods and Analysis of Algorithms; PHI Learning Pvt. Ltd.; S. 214 ff.

[BEP15] Klaus Backhaus, Bernd Erichson, Wulff Plinke, Rolf Weiber (2015); Multivariate Analysemethoden: Eine anwendungsorientierte Einführung; Springer-Verlag; S. 22

[BIK13] Wolfgang Bibel, Rudolf Kruse (2013); Betriebswirtschaftliche Anwendungen des Soft Computing: Neuronale Netze, Fuzzy-Systeme und Evolutionäre Algorithmen; Springer-Verlag; S. 4

[BRA13] Rüdiger Brause (2013); Neuronale Netze: Eine Einführung in die Neuroinformatik; Springer-Verlag; S. 252

[BRF13] Heinrich Braun, Johannes Feulner, Rainer Malaka (1998); Praktikum Neuronale Netze; Springer-Verlag; S. 178

[COB01] David Corne, Peter Bentley (2001); Creative Evolutionary System; Morgan Kaufmann; S. 10

[DIE07] Andreas J. Dietrich (2007); Informationssysteme für Mass Customization: Institutionenökonomische Analyse und Architekturentwicklung; Springer-Verlag; S. 64-65.

[DOS10] Wolfgang Domschke, Armin Scholl (2010); Logistik: Rundreisen und Touren; 5. Auflage; Walter de Gruyter GmbH & Co KG; S. 1

[ERT16] Wolfgang Ertel (2016); Grundkurs Künstliche Intelligenz: Eine praxisorientierte Einführung; Springer-Verlag; S. 271

[FAL10] Giovanni Falcone (2010); Hierarchy-Aware Software Metrics in Component Composition Hierarchies; Logos Verlag Berlin GmbH; S. 147

[GRA13] Daniel Graupe (2013); Principles of Artificial Neural Networks; World Scientific; S. 147-154, S. 157-168

[HEA08] Jeff Heaton (2008); Introduction to Neural Networks with Java; Heaton Research, Inc.; S. 202

[HED12] Heiko Hecht, Wolfgang Desnizza (2012); Psychologie als empirische Wissenschaft, Essentielle wissenschaftstheoretische und historische Grundlagen; Springer-Verlag; S. 198

[HEI94] Jochen Heistermann (1994); Genetische Algorithmen: Theorie und Praxis evolutionärer Optimierung; Vieweg+Teubner Verlag; S. 183, S. 194-195

[HER01] Dietmar Herrmann (2001); C++ für Naturwissenschaftler: beispielorientierte Einführung; Pearson Deutschland GmbH; S. 191, S. 189

[HEU13] Jürgen Heuer (2013); Neuronale Netze in der Industrie: Einführung - Analyse - Einsatzmöglichkeiten; Springer-Verlag; S. 65, S. 228

[HOF13] Norbert Hoffmann (2013); Kleines Handbuch Neuronale Netze: Anwendungsorientiertes Wissen zum Lernen und Nachschlagen; Springer-Verlag; S. 102

[HRU14] Peter Hruschka(2014); Business Analysis und Requirements Engineering: Produkte und Prozesse nachhaltig verbessern; Carl Hanser Verlag GmbH Co KG; S. 205-209

[KAV13] Nicolaos Karayiannis, Anastasios N. Venetsanopoulos (2013); Artificial Neural Networks: Learning Algorithms, Performance Evaluation, and Applications; Springer Science & Business Media; S. 319

[KRI07] David Kriesel (2007); Ein kleiner Überblick über Neuronale Netze; erhältlich auf www.dkriesel.com; S. 19-23, S. 33-42

[LAN13] Carsten Lange (2013); Neuronale Netze in der wirtschaftswissenschaftlichen Prognose und Modellgenerierung: Eine theoretische und empirische Betrachtung mit Programmier-Beispielen; Springer-Verlag; S. 1, S. 13

[LEH13] Franz Lehner (2013); Softwarewartung und Reengineering: Erfahrungen und Entwicklungen; Springer-Verlag; S. 144

[LIP06] Wolfram Lippe (2006); Soft-Computing; Springer-Verlag; Berlin Heidelberg; S. 45 ff.

[MAV13] Dirk Christian Mattfeld, Richard Vahrenkamp (2013); Logistiknetzwerke: Modelle für Standortwahl und Tourenplanung; 2. Auflage; Springer-Verlag; S. 229, S. 268 ff.

[MOP14] Jef Moonen, Tjeerd Plomp (2014); Title: Eurit 86: Developments in Educational Software and Courseware: Proceedings of the First European Conference on Education and Information Technology; Elsevier; S. 202

[POH00] Hartmut Pohlheim (2000); Struktur und Aufbau Evolutionärer Algorithmen; Springer-Verlag; Berlin Heidelberg; S. 7-14

[RAU15] Klaus Rauer (2015); Projektmanagement auf der Überholspur: Grundlagenwissen zur IPMA Zertifizierung; BoD – Books on Demand; S. 85

[RÄD10] Klaus Rädle (2010); Neuronale Netze, eine Einführung mit Programmbeispielen; S. 8

[RIE15] Robert Rieg (2015); Planung und Budgetierung: Was wirklich funktioniert; Springer-Verlag; S. 74

[ROJ93] Raul Rojas (1993); Theorie der neuronalen Netze; Springer-Verlag; Berlin Heidelberg; S. 74

[ROJ13] Raul Rojas (2013); Theorie der neuronalen Netze: Eine systematische Einführung; Springer-Verlag; S. 3-4, S. 29

[SCH97] Andreas Scherer (1997); Neuronale Netze: Grundlagen und Anwendungen; Springer Verlag; S. 227

[SCP01] Dietram Schneider, Perter Pflaumer (2001); Power Tools: Management-, Beratungs- und Controllinginstrumente; Springer-Verlag; S. 240

[SPI11] Thorsten Spies (2011); Generische Architektursichten: Erzeugung und Visualisierung kontextspezifischer Sichten am Beispiel serviceorientierter Architekturen; Springer-Verlag; S. 131

[STG13] Eberhard Stickel, Hans-Dieter Groffmann, Karl-Heinz Rau (2013); Gabler: Wirtschaftsinformatik Lexikon; Springer-Verlag; S. 119, S. 372

[VOG13] Monika Vogt (2013); Tourenplanung in Ballungsgebieten: Entwicklung eines PC-gestützten Verfahrens; Springer-Verlag; S. 78

[WEI15] Karsten Weicker (2015); Evolutionäre Algorithmen; Springer Verlag; S. 20

Onlinequellen

[KÖN09] Peter König (07.02.2009); Hirn folg Bein; heise.de; abgerufen am 08.10.2017; https://www.heise.de/newsticker/meldung/Hirn-folgt-Bein-206371.html

[MEU15] Richard Meusers (17.09.2015); In drei Tagen zum Internationalen Schachmeister; spiegel.de; abgerufen am 08.10.2017; http://www.spiegel.de/netzwelt/web/kuenstliche-intelligenz-computer-lernt-in-72-stunden-schach-a-1053338.html

[SCH16] Hilmar Schmundt (08.03.2016); Darum wir die Maschine siegen; spiegel.de; abgerufen am 08.10.2017; http://www.spiegel.de/netzwelt/gadgets/alpha-go-interview-mit-geoff-hinton-zu-kuenstlichen-neuronalen-netzen-a-1081035.html

3.9 Literatur Vorwort

[FOR] https://formlabs.com/de/blog/leitfaden-stereolithografie-sla-3ddruck/ (Abruf: 2018-07-24)

[HEi] https://www.heise.de/newsticker/meldung/Kuenstliche-IntelligenzWas-denkt-sich-eine-KI-3778547.html (Abruf: 2018-07-24)

[PIX] https://pixelpractice.nyc/history-3d-printing/ (Abruf:2018-07-24)

[SCU] https://www.sculpteo.com/blog/2016/12/14/the-history-of-3dprinting-3d-printing-technologies-from-the-80s-to-today/ (Abruf: 2018-07-24)

[SPE] https://www.spektrum.de/news/eine-tueckische-blackbox/1429906 (Abruf: 2018-07-24)

[TER] Cameron, J. (1984): The Terminator.

[TOF] Toffler, Alvin (1980). The third wave: The classic study of tomorrow. Bantam.

4 Das bifop

Es ist nicht genug zu wissen, man muß es auch anwenden.
Es ist nicht genug zu wollen, man muß es auch tun.

Johann Wolfgang von Goethe

Diesen Leitsatz des großen deutschen Denkers greifen wir mit dem **bifop**-Verlag gerne auf.

Im **bifop**-Verlag publizieren wir ausgewählte, geprüfte wissenschaftliche Monologien und Sammelbände zu diversen, aktuellen Themen. Wir nutzen dazu den klassischen Weg der reinen Buchpublikation ebenso wie wir geeignete Titel auch als E-Book veröffentlichen.

Darüber hinaus stellt sich das **bifop** als wissenschaftlich orientiertes Institut den folgenden praktischen Fragen: Woraus besteht jedes Unternehmen? Klar, aus einem Markt und seiner Teilhabe daran. Aber, mal davon abgesehen: Was kennzeichnet jedes Unternehmen, egal, wie groß, klein, wie lokal oder international es ausgerichtet sein mag? Organisation und Prozesse sind das Kennzeichen.

Organisation ohne Prozesse?

Das wird Chaos, denn Prozess ist definiert: Jeder Prozess hat einen Anfang und ein Ende und klaren Inhalt. Wie kann organisiert werden, was inhaltlich diffus ist?

Prozesse ohne Organisation?

Das geht schlecht. Prozesse sind schon Ausdruck von Organisation – und zugleich ist eine Organisation mehr als die Summe ihrer Prozesse. Organisation ist vor diesem Hintergrund Kommunikation, Kollaboration, „Mensch zu Mensch", „Mensch zu Maschine" und zunehmend: „Maschine zu Maschine". Mit diesen drei Kategorien lässt sich das Spektrum des **bifop** sehr anschaulich umschreiben.

Wissenschaftlichkeit und Praxisrelevanz gehören für das **bifop** zusammen. Wissenschaftliche Qualität ist die Basis unserer Arbeit. Deshalb werden auch im **bifop**-Verlag nur solche Beiträge publiziert, die den gewis-